国家社会科学基金项目（20BGL132）

福建省社会科学规划项目（FJ2022B068）

闽南师范大学学术著作出版专项经费资助

企业环境治理的影响因素 及经济后果研究

Factors and Economic Consequences of Corporate Environmental Governance

傅鸿震　著

中国财经出版传媒集团

经济科学出版社

Economic Science Press

图书在版编目（CIP）数据

企业环境治理的影响因素及经济后果研究/傅鸿震
著 . -- 北京：经济科学出版社，2022.10
ISBN 978 - 7 - 5218 - 4119 - 0

Ⅰ.①企…　Ⅱ.①傅…　Ⅲ.①企业环境管理 - 影响因
素 - 研究 - 中国　Ⅳ.①X322.2

中国版本图书馆 CIP 数据核字（2022）第 191144 号

责任编辑：杜　鹏　张立莉　常家凤
责任校对：刘　昕
责任印制：邱　天

企业环境治理的影响因素及经济后果研究
傅鸿震　著
经济科学出版社出版、发行　新华书店经销
社址：北京市海淀区阜成路甲 28 号　邮编：100142
总编部电话：010 - 88191217　发行部电话：010 - 88191522
网址：www. esp. com. cn
电子邮箱：esp@ esp. com. cn
天猫网店：经济科学出版社旗舰店
网址：http://jjkxcbs. tmall. com
固安华明印业有限公司印装
710 × 1000　16 开　13 印张　220000 字
2022 年 10 月第 1 版　2022 年 10 月第 1 次印刷
ISBN 978 - 7 - 5218 - 4119 - 0　定价：76.00 元
（图书出现印装问题，本社负责调换。电话：**010 - 88191510**）
（版权所有　侵权必究　打击盗版　举报热线：**010 - 88191661**
QQ：2242791300　营销中心电话：**010 - 88191537**
电子邮箱：**dbts@ esp. com. cn**）

前　言

改革开放 40 多年以来,我国经济一直保持高速增长,被誉为"世界经济发展的奇迹"。但与此同时,资源过度消耗、生态破坏等环境问题却伴随我国经济发展的全过程。党的十九大报告指出,我国经济已由高速增长阶段转向高质量发展阶段。由此,协调处理好经济发展与环境保护的关系,以绿色发展理念来引领经济高质量发展,已成为我国经济发展着力的主方向。企业既是社会财富的直接创造者,同时又是环境污染的主要制造者。根据《2020 中国环境统计年鉴》有关全国废气排放的数据统计,我国工业的二氧化硫、颗粒物(烟粉尘)排放量分别占相应排放总量的 86.46% 和 85.06%。因此,我国 80% 以上的环境污染问题是由企业的生产经营活动所致。依据"谁污染谁治理"的原则,企业本应作为环境治理的责任主体,主动承担起防治环境污染的责任。然而,由于生态环境的公共物品属性,环境污染具有负外部性的特征,以及环境治理具有投资大、周期长、成本高的特点,导致企业积极开展环境治理的意愿较低。因此,如何有效引导或促进企业从事环境治理是理论与实务亟待解决的问题。

为探讨如何才能有效促进企业环境治理,区别于已有研究主要聚焦于企业环境治理的影响因素或经济后果二者中的单一角度,本书尝试把企业环境治理的影响因素及经济后果一并纳入统一的研究框架中,遵循"影响因素→企业环境治理行为→经济后果"的研究路径,探讨哪些影响因素有利于促进企业从事环境治理的行为,哪些因素不利于企业环境治理,而不利于企业环境治理的因素又该如何化解,以及企业环境治理的行为会给企业带来怎样的经济后果,以期厘清企业环境治理的前因后果。为解决上述问题,本书以重污染行业(采掘业、食品饮料业、纺织服装皮毛业、造纸印刷业、石油化学塑胶塑料业、金属非金属业、医药生物制品业、水电煤气业）的上市公司为研究对象，综合运用财务管理学、公司治理学、制度经济学、计量经济学、法与金融学等多学科理论知识，采用规范分析与实证研究相结合的方法，从微观层面的企业特征、董事会特征、终极所有权结构，中观层面的行业竞争属性以及宏观层面的制度环境，系统探讨企业环境治理的影响因素，并从企业价值和债务融资成本两个角度，实证检验企业环境治理的经济后果，然后基于重污染行业上市公司的大样本经验证据，结合已有文献相关观点，对政府和企业分别提出相应的对策建议。本书在实证研究的数据来源方面，企业环境治理变量数据来自重污染行业上市公司年报，从上市公司年报的在建工程科目注释中，手工收集 2012 ～ 2018 年样本公司涉及节能减排、清洁生产、污水处理、环保工程、回收利用等方面的环境资本支出增加额来获取；制度环境变量数据来自王小鲁等（2019）编著的《中国分省份市场化指数报告（2018）》；其他研究变量的数据均来自国泰安 CSMAR 数据库。

全书共分为九章，其中，第一章是绪论，第二章是理论基础与文献综述，第三章～第六章是分别从微观、中观、宏观三个层面相结合开展的企业环境治理影响因素研究，第七章和第八章是分别从企业价值与债务融资成本角度开展的企业环境治理经济后果研究，第九章是结论、建议与未来研究展望；各章研究内容主要如下。

第一章是绪论。首先，阐述本书研究背景、理论与实践意义；其次，对企业环境治理以及与研究主题相关的其他四个概念（即企业环保投资、环境责任、环境信息披露及企业环境绩效）进行界定，并比较这五个概念的联系与区别；最后，简述本书的研究思路，并介绍研究方法及本书的结构安排。

第二章是理论基础与文献综述。首先，阐释了本书研究主题所依托的理论基础，主要包括外部性理论、组织合法性理论、信息不对称理论、委托代理理论、法与金融理论，系统回顾了这些理论的起源与发展脉络；其次，分别从企业外部因素、内部因素以及内外部因素结合的三个角度，对企业环境治理的影响因素进行文献综述；最后，全面梳理了国内外有关企业环境治理经济后果的相关文献。

第三章是企业特征、行业竞争属性与企业环境治理。以组织合法性理论、信息不对称理论等为理论基础，从微观层面的企业特征，即企业规模、盈利能力、财务杠杆三个方面，结合中观层面的行业竞争属性，理论分析并实证探讨企业环境治理的影响因素。

第四章是董事会特征对企业环境治理的影响。以资源依赖理论、委托代理理论、信息不对称理论等为理论基础，从微观层面的董事会特征，即董事会规模、董事会独立性、女性董事、董事会领导结构、董事会会议次数、董事持股比例六个方面，理论分析并实证探讨企业环境治理的影响因素。

第五章是终极所有权结构对企业环境治理的影响。以投票权度量控制权，以现金流量权度量终极所有权，沿着企业的金字塔层级股权链条，通过层层追溯控制链的方法来鉴别终极控制股东，进而以终极控制股东的类型、现金流量权、控制权与现金流量权的两权分离度来刻画企业的终极所有权结构。由此，从微观层面的终极所有权结构角度，理论分析并实证探讨企业环境治理的影响因素。

第六章是制度环境对两权分离与企业环境治理的影响。以委托代理理论、外部性理论、法与金融理论等为理论基础，从宏观层面的制度环境角度（分别采用市场化总指数、法治环境、政府干预作为代理变量），理论分析并实证探讨制度环境对企业环境治理的影响，以及制度环境对终极控制股东的两权分离与企业环境治理关系的调节作用。

第七章是企业环境治理与企业价值关系研究。以权衡理论、波特理论假说等为理论基础，从企业价值角度，理论分析并实证探讨企业环境治理的经济后果。首先，从短期的视角，理论分析并实证检验企业环境治理与当期企业价值的负相关关系；其次，从长期的视角，实证检验企业环境治理对企业价值正向影响的滞后效应；最后，进一步实证研究企业环境治理对企业价值提升作用的长期累积效应。

第八章是企业环境治理与债务融资成本关系研究。以信息不对称理论等为理论基础，从债务融资成本视角，理论分析并实证探讨企业环境治理的经济后果。首先，基于我国大力推广绿色信贷的背景，理论分析并实证检验企业环境治理是否有助于降低债务融资成本；其次，进一步地从产权性质与样本公司所属区域两个角度对企业环境治理与债务融资成本关系做相应的截面异质性分析。

第九章是结论、建议与未来研究展望。首先，归纳总结全书的主要研究结论；其次，根据研究结论，结合已有文献的相关观点，从环境规制策略等方面，对政府部门如何有效促进企业环境治理提出政策建议，同时从长远发展的角度，对企业如何做好环境治理战略规划等方面提出对策建议；再次，分析本书研究的局限性；最后，展望未来有待进一步研究的方向。

本书获闽南师范大学学术著作出版专项经费资助，感谢闽南师范大学对本书出版提供的全额资助，同时也感谢经济科学出版社张立莉老师及其他编辑工作者的辛勤工作。此外，由于研究时间及笔者水平有限，书中难免有疏漏和不足之处，敬请读者不吝指正。

傅鸿震

2022 年 8 月 9 日

目 录

第一章

绪　　论

第一节　研究背景与研究意义

一、研究背景

自改革开放以来，我国经济一直保持着高速增长。然而，经济快速发展的背后是严重的工业污染及生态环境的不断恶化。依据环境库兹涅茨曲线假说，环境质量与经济发展呈现倒"U"型关系，即在经济发展初期，经济增长会加剧环境污染，但当经济增长突破库兹涅茨拐点后，经济增长将开始变得有利于环境保护。显然，我国尚未突破此"拐点"，社会经济的高速发展是建立在环境资源过度消耗的基础上（胡珺等，2017）。如何协调处理好经济发展与环境保护的关系，是党的十八大以来党中央高度重视的问题。面对资源约束趋紧、环境污染严重、生态系统退化的严峻形势，党的十八大提出"大力推进生态文明建设"的战略决策。习近平总书记多次提出了"宁要绿水青山，不要金山银山"的生态治理与绿色发展理念。在党的十九大报告中，习近平总书记指出，我国经济已经由高速增长阶段转向高质量发展阶段，建设生态文明是中华民族永续发展的千年大计。生态文明建设上升为国家战略，绿色发展理念引领新时代经济高质量发展，彰显了我国政府坚决打好环境污染防治攻坚战的决心。

企业既是社会财富的直接创造者，同时又是环境污染的主要制造者。《2020 中国环境统计年鉴》有关全国废气排放情况的数据统计显示，我国工业的二氧化硫、颗粒物（烟粉尘）排放量分别占相应排放总量的 86.46% 和 85.06%。因此，我国 80% 以上的环境污染问题是由企业的生产经营活动所致（沈红波等，2012）。根据"谁污染谁治理"的原则，企业本应主动承担起防治环境污染的责任。然而，由于生态环境的公共物品属性，以及企业环境污染具有负外部性特征，导致企业主动开展环境治理的意愿较低（Clarkson et al.，2004；Orsato，2006；崔广慧和姜英兵，2019）。因此，如何引导企业环境治理是理论与实务亟待解决的问题。

为促进企业绿色转型，实现经济可持续增长与生态环境和谐发展目标，我国政府制定了一系列环境规制政策及制度。如，2007 年 7 月 12 日，国家环保总局、中国人民银行和中国银监会联合颁发的《关于落实环保政策法规防范信贷风险的意见》，要求金融机构加强环保和信贷管理工作的协调配合，严格执行环保信贷并切实防范相关风险。2011 年 2 月 14 日，环境保护部下达了《关于进一步规范监督管理严格开展上市公司环保核查工作的通知》，规范上市环保核查工作程序，同时加强对企业环保违法行为的监督管理，并加大对企业环境安全隐患的排查和整治力度。2015 年 1 月 1 日，新修订的《中华人民共和国环境保护法》（简称新《环保法》）正式开始实施，相比之前的旧《环保法》，新《环保法》特别强调经济发展要与环境保护相协调，同时强化了企业环境污染的惩罚力度及政府的环境监管责任。2018 年 1 月 1 日，正式施行的《中华人民共和国环境保护税法》，成为推进我国生态文明建设的重要法律措施。2020 年 9 月 1 日，实施新修订的《中华人民共和国固体废物污染环境防治法》，是依法推动打好污染防治攻坚战的迫切需要，是健全最严格生态环境保护法律制度和最严密生态环境法治保障的重要举措。综上所述，环境保护与治理已上升为国家意志，从国家战略规划的设计，到法律法规的制定，再到环保政策的实施，层层递进，服务于我国生态文明建设。

随着我国环保新政策、新法规的出台与实施，企业面临着越来越严格的环境规制。这些环境规制对推动企业环境治理起到一定的作用。叶莉和房颖（2020）研究发现，政府环境规制对企业环境治理具有显著正向影响。但在环境规制的约束下，企业从事环境治理更多的是一种"被动"行为（唐国平等，2013）。崔广慧和姜英兵（2019）研究表明，新《环保法》的实施未能有效促使企业积极参与环境治理，反而导致企业缩减生产规模的消极应对行为。因此，如何有效促进企业环境治理，是理论及实务的一大难题。

为探讨如何才能有效促进企业环境治理，本书拟遵循"影响因素→企业环境治理行为→经济后果"的研究路径①，来探讨企业环境治理的前因后果。首先，从企业微观层面的企业特征、董事会特征、终极所有权结构，中观层面的行业竞争属性以及宏观层面的制度环境，来探讨企业环境治理的影响因素；其次，从企业价值和债务融资成本两个角度，实证检验企业环境治理是否能够给企业带来积极的经济后果；最后，根据企业环境治理的影响因素及经济后果的研究结论，结合已有文献的相关观点，对企业及政府监管部门分别提出相应的对策建议。

二、研究意义

（一）理论意义

第一，已有文献有的研究企业环境治理的影响因素，有的探讨企业环境治理的经济后果，鲜有文献既研究企业环境治理的影响因素又探讨其经济后果，本书把企业环境治理的影响因素及经济后果一并纳入一个统一的研究框架中，遵循"影响因素→企业环境治理行为→经济后果"的研究路径，来系统探索企业环境治理的前因后果。

第二，从微观、中观、宏观三个层面相结合来探讨企业环境治理的影响因素。已有研究主要从微观或宏观的单一层面来探讨企业环境治理的影

---

① 即哪些影响因素会有利于促进企业从事环境治理的行为，哪些因素不利于企业环境治理，不利于企业环境治理的因素又应该如何化解，而企业环境治理的行为又会给企业带来怎样的经济后果。

响因素，所得结论比较片面，本书从微观的企业特征、董事会特征、终极所有权结构，中观的行业竞争属性以及宏观的制度环境三个层面相结合，比较全面地探究企业环境治理的影响因素，能够得出相对系统的结论。

第三，在第五章中，从终极所有权结构角度来探讨企业环境治理的影响因素，把研究视角从已有多数文献的直接控股股东的股权结构扩展至终极所有权结构，为股权结构与企业环境治理之间的关系研究提供了一个新的视角，并提供了有力的经验证据，在一定程度上丰富了此领域的实证研究成果。

第四，从制度环境视角，探讨两权分离与企业环境治理的关系，先前文献鲜有考虑制度环境和两权分离对企业环境治理的交互影响，本书在此方面做出有益补充，研究结果发现，良好的制度环境能够有效缓解终极控制股东现金流量权与控制权的两权分离对企业环境治理的负向影响，为解决终极控制股东委托代理问题提供了思路及经验证据。

第五，已有研究鲜有文献采用短期与长期相结合的角度来考察企业环境治理对企业价值的影响，本书不仅从短期角度检验了企业环境治理与企业价值的关系，还从长期的角度验证了企业环境治理对企业价值正向影响的滞后效应，丰富了已有文献的研究视角。此外，在探讨企业环境治理对企业价值滞后效应的基础上，还进一步检验了企业环境治理对企业价值正向影响的长期累积效应，对已有研究做出了有益的扩展。

（二）实践意义

首先，对企业如何正确认识企业环境治理的经济后果具有较强的参考价值。现实中，一些企业往往只看到企业环境治理的成本高、投资周期长的一面（崔广慧和姜英兵，2019），由此，不愿主动从事环境治理活动。然而，本书基于重污染行业上市公司的大样本经验证据表明，长期而言，企业环境治理能够有助于提升企业价值，尽管企业环境治理在短期所获得较低的债务融资成本、节能减排等方面的直接收益，未能完全抵消企业环境治理的成本支出，无法即刻给企业带来明显的经济效益，但至少不会降低企业价值，而从长期来看，企业环境治理存在的滞后效应及累积效应，使企业环境治理能够显著提升未来的企业价值。因此，本书的研究结论对企业的启示是，要从长远的角度看待企业环境治理投入与产出问题，特别是在当前我国已由过去的粗放式高速增长转向高质量发展，提出并践行"双碳"目标，大力倡导绿色生态文明建设的背景下，企业应尽早转变思维，认真思考如何有效实施环境治理，而不是消极地去规避环境治理问题。

其次，基于董事会特征及终极所有权结构角度的企业环境治理影响因素的研究结论，本书对企业如何完善董事会结构及股权结构提出了相应建议（详见第九章的政策建议部分的内容），对企业如何减缓股东与管理层以及终极控制股东与中小股东的委托代理问题，设立有效的公司内部治理机制，具有一定的实践启示意义。

最后，为了使政府部门能够更有效地监管企业，并促进企业从事环境治理活动，在环境规制策略、环境法规制定、完善制度环境以及监管终极控制股东两权分离的上市公司等方面，对政府部门提出相应的政策建议（详见第九章的政策建议部分的内容）。因此，本研究对政府部门而言，也具有一定的借鉴参考价值。

第二节 相关概念界定

本节首先界定了企业环境治理的概念；其次，再分别界定与企业环境治理主题相关的企业环保投资、环境责任、环境信息披露及企业环境绩效四个概念；最后，分析这些概念之间的区别与联系。

一、企业环境治理

学术界对企业环境治理主题的研究已比较丰富，但只有少数文献（主要是国内学者）对企业环境治理做出概念界定。孙喜平（2010）是国内最早定义企业环境治理概念的学者，他把企业环境治理界定为企业对环境影响、风险和机会的管理，包括环境价值（使命与原则）、环境政策（战略和目标）、环境监督（责任、指导、培训和沟通）、环境治理过程（管理机制、内控、监督和评估、利益相关者对话、环境会计处理、披露和检查）、环境治理表现（环境治理绩效排名、环境治理声誉、合规情况）。孙喜平（2010）定义的企业环境治理内涵比较宽泛。崔媛媛（2012）的定义则比较具体，她认为，企业环境治理是企业社会责任的一部分，是指企业在生产经营过程中，在追寻自身经济利益的同时，要科学、合理地利用自然资源，采取防治污染等相关措施，以履行保护环境、维持人类与自然和谐发展的义务。廖果平和陈玉荣（2014）从公司治理角度界定企业环境治理内涵，认为企业环境治理是公司治理的重要组成部分，是指企业在保护环境和应对环境污染时，形成环境政策、环境监督过程的制度安排。张国清等（2020）则从过程和结果两个维度来界定企业环境治理，其中，过程维度的企业环境治理是指企业为了减轻对自然环境的负面影响，并提高环境绩效而投入的管理实践，是企业在环境治理过程中付出的努力和行动，反映企业为了改善其环境绩效而实施的环境治理实务，包括制定环境方面的政策、目标和程序以及设立环保组织结构等；而结果维度的企业环境治理是企业经过环境治理实践后所表现出来的实际环境绩效，例如，碳排放量，有毒气体、污水、固体废物排放量等。

上述企业环境治理概念界定存在比较大的差异，本书参考迟铮（2021）的定义，认为企业环境治理是指企业遵循合理利用自然资源、注重生态环境保护的理念，为履行环境保护责任而从事污染预防与治理的环保投入行为，主要包括环保设施与技术的研发、购置和改造，以及实施污水处理工程、节能减排项目、绿化工程等方面的环保资本支出行为。

二、企业环保投资

企业环保投资与企业环境治理几乎是同个时期出现的术语，二者都是在近些年来才开始出现比较多的学者从事此方面的研究。已有文献主要从企业在环境保护方面的资金投入来界定企业环保投资的内涵，有的文献界定的企业环保投资包含排污费，而有的文献没有包含。如王云等（2017）

认为，企业环保投资包括环保技改项目投资、污染治理投入、环保设施改造及管理、排污费缴纳、清洁生产等投入，其界定包含了排污费。李虹等（2016）则未将排污费缴纳列入环保投资范畴，他们把环保研发与环保设施改造支出，环保、节能设施的投入与维护支出，清洁生产支出和绿化费等生态保护支出等事项列为企业环保投资。

参考郭苑（2020）的概念界定，本书认为，企业环保投资是指企业为推进环境保护而采取的一系列投资措施，包括环保技术研发，环保设备购置、运营与维护，节能改造支出，清洁生产支出、环保人力资本投入、绿化等生态保护支出等资金投入，不包含排污费和环境处罚费。一方面，排污费有时会以补贴形式返还给企业；另一方面，排污费和环境处罚费具有惩罚性质，与环保投资的资本支出性质不同，排污费用或环境处罚费用越高，表示企业环境污染越多，环境绩效越差（胡珺等，2017）。因此，本书界定的企业环保投资不包含排污费与环境处罚费的支出。

三、环境责任

环境责任是企业环境管理领域研究最早出现的一个术语。在20世纪60年代，随着工业环境污染问题的日益突出和人们环保意识的增强，环境责任的概念被正式提出，并将环境责任视为企业社会责任的重要组成部分（生艳梅，2020）。艾尔金顿（Elkington，1998）提出企业社会责任的三重底线观点，认为企业经营行为要同时满足经济、环境与社会的三重责任底线，即企业需要履行经济责任、环境责任和社会责任。李朝芳（2010）将环境责任划分为环境法律责任和环境道德责任两部分，其中，环境法律责任是指依照相关环境法规，预防和治理环境污染所产生的法律义务；而环境道德责任是指依照比环境法规更严格的标准，预防和治理环境污染所产生的道德义务。贺立龙等（2014）将环境责任界定为在相关法律及经济机制的规范和引导下，企业主动或被动地按社会福利最大化标准配置和使用环境资源。

在已有研究的基础上，本书从企业社会责任视角界定环境责任，把它视为企业社会责任中的一个维度，认为环境责任是指企业在生产经营过程中需要尽量减少或避免对环境的负面影响，承担起环境保护的责任。

四、环境信息披露

环境信息披露是紧随环境责任之后出现的一个术语，已有许多国内外学者对此进行研究。环境信息披露的实施主体是从事生产经营或服务的企业和金融机构等市场主体。学者们关于环境信息披露的定义主要围绕披露内容来展开，其界定的披露内容范围不断扩展，早期从财务信息切入，主要涉及环境会计，而后逐步演化为财务与非财务的环境信息相结合。黄珺和周春娜（2012）认为，环境信息披露包括企业环境政策措施、内部控制制度、环境污染治理目标和计划、造成的环境影响、排污费和治污费、绿化投资、废物回收利用、环境治理奖励、环境认证等内容。黄茜（2014）指出，环境信息披露是企业向股东、债权人、政府、社会公众等利益相关者披露在环境保护方面的投资情况、环境负债、环境成本、企业生产对环境造成的影响、企业采取的环境治理措施、企业在环境治理方面取得的成效等环境信息。

参考郭苑（2020）的定义，本书认为，环境信息披露是指企业通过年报或社会责任报告等媒介，向社会公众公布有关经营活动中对环境产生的影响、采取的环境保护措施、开展的环保研发及投资、制定的环境管理目标及对策、实现的环境保护效果等方面环境信息的披露行为。

五、企业环境绩效

企业环境绩效是在环境信息披露之后出现的一个术语，由洛伯（Lober）于1996年最早提出。学者们主要从企业在环境保护和环境污染治理所取得的环境管理成效来定义企业环境绩效的内涵。杨东宁和周长辉（2004）从狭义和广义两个角度来定义企业环境绩效。狭义的企业环境绩效是指企业在现有环境标准中规定的可直接测量的环境指标的具体表现，这些指标通常是定量的、标准化的，比如，节能减排数据等。广义的企业环境绩效是指企业持续改善其污染防治、资源利用和生态影响等方面的综合效率和累积效果。芦云鹏（2015）认为企业环境绩效主要是指企业在生产经营活动中，将污染治理和环境保护作为利润目标和管理目标的一部分，其实质就是将企业生产对环境的外部效应内生化，体现了企业对污染治理和环境保护的有效投入，以及该投入对企业节能减排、环境保护行为的贡献率。

本书参考杨东宁和周长辉（2004）的广义企业环境绩效内涵，认为企业环境绩效是企业在治理环境污染、环境污染预防及其他生态环境保护等方面投入所取得的成效及结果。

六、上述概念的区别与联系

在已有研究中，多数学者对企业环境治理与企业环保投资采取相似的度量方式；还有一些学者把企业环保投资作为企业环境治理的代理变量（崔广慧和姜英兵，2019；蔡春等，2021；鲁建坤等，2021），对二者等同看待。因此，本书对企业环境治理与企业环保投资不做明显的区别。企业环境绩效从概念上看，主要是企业环境治理结果的体现。从顺序而言，企业环境治理在先，而企业环境绩效在后，二者存在前因后果的密切关系。胡珺等（2017）在研究家乡认同对企业环境治理的影响时，还把企业环境绩效作为企业环境治理的代理变量。而环境责任、环境信息披露与企业环境治理在度量方面存在比较大的差异，但三者之间又存在一定的联系。企业从事环境治理活动，能够在一定程度上反映出企业履行环境责任。环境信息披露可以看作企业对外披露环境治理及环境奖惩的情况。因此，本书后文对企业环境治理主题的研究，将综合运用上述概念的相关研究。

第三节   研究思路、研究方法与结构安排

一、研究思路

本书以 2012～2018 年连续 7 年的重污染行业上市公司为研究样本，综合运用财务管理学、公司治理学、制度经济学、计量经济学、法与金融学等多学科的知识及方法，实证探讨企业环境治理的影响因素及经济后果。首先，从微观层面的企业特征、董事会特征、终极所有权结构，结合中观层面的行业竞争属性，以及宏观层面的制度环境，理论分析并实证探讨企业环境治理的影响因素；其次，从企业价值、债务融资成本两个角度，理论分析并实证检验企业环境治理的经济后果；最后，根据企业环境治理的影响因素以及经济后果的研究结论，结合已有研究的相关观点，对政府和企业分别提出相应的政策建议。

二、研究方法

本书采用的研究方法主要体现在以下三个方面。

（1）文献研究法。首先，基于已有文献，对外部性、组织合法性等本书研究主题所用到的相关理论进行简要的阐述及回顾；其次，系统梳理国内外有关企业环境治理的影响因素及经济成果的相关文献，厘清相关领域的研究现状及发展趋势，从中寻求支撑研究假设的文献观点以及理论依据。

（2）规范分析法。在以外部性、组织合法性、信息不对称、委托代理、法与金融等作为理论依据的基础上，结合相关文献观点的阐述，通过理论分析与逻辑演绎，提出有关企业环境治理的影响因素及经济后果（即第三章～第八章）的各种研究假设。

（3）实证研究法。首先，根据理论分析所提出的研究假设，构建相应的回归模型；其次，采用 Stata15.1 软件进行描述性统计、Pearson 相关系数或单变量分析；再次，通过 F 检验、BP 检验和 Hausman 检验，从混合最小二乘法、固定效应模型及随机效应模型三者中，选择最适合的一种面板数据估计方法；最后，基于 2012～2018 年连续七年的重污染行业上市公司的研究样本，对构建的模型进行多元回归检验。

三、结 构 安 排

本书的结构安排如图 1-1 所示，全书共分为九章，第一章是绪论，第二章是理论基础与文献综述，第三章～第六章是分别从微观、中观、宏观三个层面相结合所开展的企业环境治理影响因素研究，第七章和第八章是分别从企业价值与债务融资成本角度所开展的企业环境治理经济后果研究，第九章是结论、建议与未来研究展望。各章的内容主要如下。

第一章是绪论。首先，阐述本书研究背景以及研究意义；其次，对企业环境治理以及与研究主题相关的其他四个概念（即企业环保投资、环境责任、环境信息披露及企业环境绩效）进行界定，并比较这五个概念的联系与区别；最后，简述研究思路，介绍研究方法以及本书的结构安排。

第二章是理论基础与文献综述。首先，阐释了与本书研究主题密切相关的主要理论基础，包括外部性、组织合法性、信息不对称、委托代理、法与金融理论；其次，分别从企业外部因素、内部因素以及内外部因素结合的三个角度，对企业环境治理的影响因素进行文献综述；最后，系统梳理企业环境治理经济后果的相关文献。本章的理论基础及文献梳理的相关观点，将作为后面章节实证研究所提研究假设的理论依据及观点支撑。

第三章是企业特征、行业竞争属性与企业环境治理。以组织合法性、信息不对称等为理论基础，基于 691 家重污染行业上市公司 2012～2018 年连续七年的平衡面板数据的研究样本（共计 4837 个观测值），从微观层面的企业特征，即企业规模、盈利能力、财务杠杆三个方面的特征，结合中观层面的行业竞争属性，实证探讨企业环境治理的影响因素。

第四章是董事会特征对企业环境治理的影响。以资源依赖、委托代理、信息不对称等为理论基础，基于 691 家重污染行业上市公司 2012～2018 年连续七年的平衡面板数据的研究样本（共计 4837 个观测值），从微观层面的董事会特征，即董事会规模、董事会独立性、女性董事、董事会领导结构、董事会会议次数、董事持股比例六个方面，实证探讨企业环境治理的影响因素。

第五章是终极所有权结构对企业环境治理的影响。以外部性、委托代理、信息不对称、组织合法性等为理论基础，基于 676 家重污染行业上市公司 2012～2018 年连续七年的平衡面板数据为研究样本（共计 4732 个观测值），从微观层面的终极所有权结构，即现金流量权、现金流量权与控制权的两权分离度、终极所控制股东类型三个方面，实证探讨企业环境治理的影响因素。

第六章是制度环境对两权分离与企业环境治理的影响。以委托代理、外部性、法与金融等为理论基础，基于 676 家重污染行业上市公司 2012～2018 年连续七年的平衡面板数据的研究样本（共计 4732 个观测值），从宏观层面的制度环境（分别采用市场化总指数、法治环境、政府干预作为代理变量），实证探讨制度环境对企业环境治理的影响，以及制度环境在终极控制股东的两权分离与企业环境治理关系中的调节作用。

第七章是企业环境治理与企业价值关系研究。以权衡理论、波特理论假说等为理论基础，基于 575 家重污染行业上市公司 2012～2018 年连续七年的平衡面板数据的研究样本（共计 4025 个观测值），从企业价值视角，实证探讨企业环境治理的经济后果。首先，从短期的角度，理论分析并实证检验企业环境治理与当期企业价值的负相关关系；其次，从长期的角度，实证检验企业环境治理对企业价值正向影响的滞后效应；最后，进一步实证检验企业环境治理对企业价值的累积效应。

第八章是企业环境治理与债务融资成本关系研究。以信息不对称理论为基础，基于 685 家重污染行业上市公司 2012～2018 年连续七年的平衡面板数据的研究样本（共计 4795 个观测值），从债务融资成本视角，实证探讨企业环境治理的经济后果。首先，理论分析并实证检验企业环境治理是否有助于降低债务融资成本；其次，进一步地从产权性质与区域两个角度做截面异质性分析。

　　第九章是结论、建议与未来研究展望。首先，归纳总结全书的主要研究结论；其次，根据研究结论，结合已有文献的相关观点，从环境规制策略、环境法规制定、完善制度环境以及监管终极控制股东两权分离的上市公司等方面，对政府部门如何有效促进企业从事环境治理提出政策建议，同时从长远发展的角度，对企业正确认识环境治理的投入与产出的短期与长期关系、如何做好企业环境治理战略规划以及如何从公司内部治理机制减缓企业委托代理问题提出对策建议；再次，分析本书存在的不足之处；最后，展望未来有待进一步研究的方向。

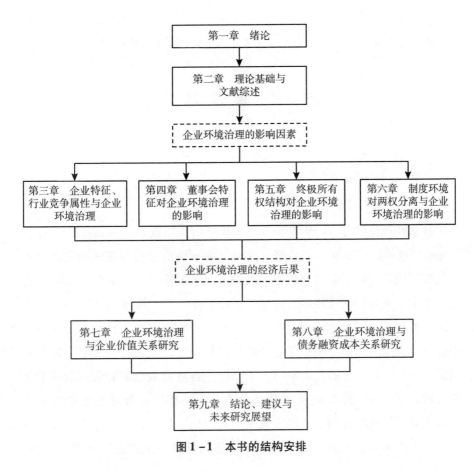

图1-1　本书的结构安排

第二章

理论基础与文献综述

首先，本章将阐释相关理论基础，即外部性理论、组织合法性理论、信息不对称理论、委托代理理论、法与金融理论；其次，分别从企业外部因素、内部因素及内外部因素结合三个角度，系统综述企业环境治理的影响因素；最后，对企业环境治理的经济后果进行全面的梳理及回顾。

第一节 理 论 基 础

一、外部性理论

外部性理论产生于 19 世纪末 20 世纪初，马歇尔（Marshall）、庇古（Pigou）、科斯（Coase）三位经济家对其发展做出了里程碑式的贡献，他们的研究成果代表了外部性理论发展的三个重要阶段。马歇尔（1890）在分析个别厂商与行业经济运行现象时，首次提出了"外部经济"和"内部经济"的概念。马歇尔指出，扩大一种产品的生产规模而产生的经济效率提高可分为两种类型：一类是生产的扩大依赖于产业的普遍发展，即外部经济；另一类是生产的扩大来源于单个企业自身资源组织和管理效率的提高，即内部经济。外部经济主要是由于企业外部原因导致的生产成本降低，比如，物流的便利、市场容量大小的变化、供应链上其他企业效率的改善等；内部经济主要是由于企业内部原因导致的生产成本降低，比如，提高管理者的管理水平、提升员工的劳动技能、采用新设备等。上述马歇尔的观点为外部性理论提供了思想源泉，但马歇尔的分类主要属于正外部性（positive externality）的范畴，还没涉及负外部性（negative externality），并且他的定义与现代经济学所讲的"外部性"也存在比较大的差异。

马歇尔的学生庇古（Pigou，1920）将"外部经济"概念扩展到"外部不经济"（即负外部性），对马歇尔的外部经济概念做出了有力补充，被誉为外部性理论发展的第二个里程碑。庇古将外部性分为外部经济（正外部性）和外部不经济（负外部性）两种，并从社会资源最优配置的角度出发，提出了边际私人成本和边际社会成本、边际私人收益和边际社会收益，应用边际分析方法分析外部性问题，最终形成了比较完整的外部性理论。庇古认为，在经济活动中，如果一个人或某企业使其他人或其他企业无需付出代价而得到好处，边际社会收益就会大于边际私人收益，出现"外部经济"的效应（即正外部性）；反之，如果一个人或某企业使其他人或企业蒙受损失但未得到相应的补偿，边际私人成本就会小于边际社会成本，出现"外部不经济"的问题（即负外部性）。庇古还发现，当出现外部性问题时，通过市场本身难以实现社会资源的帕累托最优配置。为此，庇古提出，当存在外部经济或外部不经济效应时，可以通过征税或补贴，来实现外部效应的内部化。庇古有关外部性问题如何内部化的观点被后人称为"庇古税"。我国政府采用"谁污染谁治理"的原则对企业环境污染进行征税或收费、对企业环境治理进行补贴等就是对庇古税理论在现实中加以应用的体现。

外部性理论发展的第三个里程碑是新制度经济学的代表人物科斯（Coase，1960），他提出了"交易成本"的概念，从产权界定和交易成本角度，为解决外部性问题提供了新的思路。科斯认为，"外部性问题"的产生是由于产权没有被明确界定而导致。以一家造纸厂和养鱼场为例，如果法律明确规定养鱼场有不受河水污染的权利，那么造纸厂若要继续生产，就需要对养鱼场带来的损失进行补偿；而如果法律赋予造纸厂可以污染河水的权利，那么养鱼场就需要通过产权交易向造纸厂赎买排污权，限制其排放废水。当交易成本为零时，无论初始权利是赋予养鱼场还是造纸厂，经过双方的多轮谈判与协商，最优的资源配置方案就能够产生，无需通过征收庇古税来实现。而在交易费用不为零的情况下，解决外部性问题，就需要通过比较分析环境管制的成本与收益之后，才能确定最优方案，此时，庇古税可能是高效的制度安排，也有可能是低效的制度安排。如果采用的环境管制的成本小于效益，则庇古税不失为解决外部性问题的一种高效的制度安排，反之，庇古税就是一种低效甚至无效的制度安排（黄世忠，2021）。目前，在美国、英国等国家推行排污权交易制度就是科斯理论的一个具体运用。我国在空气污染治理方面，也开展了排污权交易试点以及建设全国碳排放权交易市场工作。2014 年 8 月，国务院办公厅发布了《国务院办公厅关于进一步推进排污权有偿使用和交易试点工作的指导意见》，指出要建立排污权有偿使用制度并加快推进排污权交易，这是我国在环境治理方面所做出的重大的、基础性的机制创新和制度改革，也是生态文明制度建设的重要内容。2021 年 7 月 16 日，全国碳排放权交易市场正式开始上线交易，这是加强我国生态文明建设，实现碳达峰与碳中和目标、落实减排承诺的重要政策工具。

二、组织合法性理论

合法性概念最早可以追溯到德国社会学家马克斯·韦伯（Max Weber）有关社会秩序的合法性探讨。韦伯（1922）认为，只有当社会秩序的行为模式大致地符合某种既定的准则或规则，这个社会秩序才是合法的，社会秩序的合法性可以看成来自对社会规范和正式法律的遵从。而后，帕森斯（Parsons，1960）把韦伯的合法性概念应用于组织，认为组织合法性意味着组织的行为模式与社会法律、规范和价值观相一致。梅尔和罗恩（Meyer and Rowan，1977）引入社会认知要素，强调组织结构和形式都是社会理性化制度的反映，只有符合大众认可的社会观念和制度规范，才能够获得组织合法性。当前，学者们普遍认同萨奇曼（Suchman，1995）的组织合法性定义，他认为，组织合法性是指在一个由社会构建的规范、价值、信念和评价标准的体系中，组织的行为被认为是合意的、正确的、合适的一种感知和评价。斯科特（Scott，1995）进一步把组织合法性划分为三个维度：规制合法性（企业按照监管的规章制度开展经营活动）、规范合法性（企业经营活动要符合社会规范）以及认知合法性（企业行为获得社会公众的认可）。

组织合法性理论大致经历了四个发展阶段：（1）20世纪60～70年代的萌芽阶段，在此阶段，美国等西方国家出现了比较严重的企业单纯追求经济效益而忽视环境保护和社会责任的现象，从而引发了社会公众期望企业价值观与社会价值观相统一的呼声，学者们开始思考企业在社会价值体系中的存在基础，但此时还没有对组织合法性做出明确的定义；（2）20世纪80年代的明晰阶段，这一阶段主要是给出组织合法性的基本定义，并对企业如何构建与社会或利益相关者相一致的价值体系等问题进行探讨；（3）20世纪90年代的理论体系形成阶段，在此阶段，以萨奇曼为代表的学者主要完成了进一步明确组织合法性概念，以及从制度基础、合法性鸿沟等方面细化和丰富组织合法性理论体系的研究；（4）进入21世纪以后的应用阶段，在此阶段，组织合法性理论越来越多地出现在企业、团体、跨国公司、非营利性组织等方面研究的文献中（戴鑫等，2011）。

当前，随着人们环保意识的不断增强，社会公众及各界媒体越来越关注企业的环境责任表现，企业环境治理也就成为企业获取合法性地位的重要考虑。企业为了树立良好的形象，会选择增加企业环境治理投入，来影响社会公众对企业环境表现的认识，以改善其环境合法性水平，从而获取企业合法性的地位。

三、信息不对称理论

在现实中，交易双方的信息普遍存在不对称，信息的收集和处理需要耗费大量的时间和资金成本。交易双方的信息不对称，导致其中掌握大量有效信息的一方，处于信息优势地位，而缺乏有效信息的一方，则处于信息劣势地位。当具有信息优势的一方，为了谋求自身利益最大化而损害信息处于劣势的另一方的利益时，就会出现因信息不对称而产生的逆向选择与道德风险问题。

信息不对称理论产生于 20 世纪 70 年代，由三位诺贝尔经济学奖获得者阿克洛夫（Akerlof，1970）、斯彭斯（Spence，1973）和斯蒂格利茨（Stiglitz，1985）提出并发展。美国经济学家阿克洛夫（1970）通过柠檬市场模型，以旧车交易市场为例，分析了产品质量的信息不对称问题所发生的逆向选择以及劣币驱逐良币现象。他认为，在旧车交易中，卖方通常比买方拥有更多有关旧车质量方面的信息，为了更好地促成交易，卖方会选择性地隐瞒不利于车辆销售的负面信息或者以次充好，从而造成了买卖双方的信息不对称现象。由于买方无法获得足够的信息辨别旧车的真正价值，在交易中通常处于不利的地位，便会选择以压低价格的方式来减少信息不对称所带来的风险，导致卖方不愿意提供质量较好的旧车，在旧车市场达成交易的往往是一些质量不好的旧车，最终劣质旧车充斥旧车市场，优质旧车遭受淘汰，市场交易大幅度萎缩，市场机制由此而失灵。1973年，斯彭斯从劳动力市场角度进一步分析信息不对称问题，他认为，在人才招聘市场中，为了避免出现能力不好的应聘者驱逐能力好的应聘者的逆向选择问题，具有信息优势的应聘者可以通过能够证明自己能力的教育程度（如学历），向处于信息劣势的用人单位发出市场甄别信号，这将有效解决信息不对称和市场失灵问题。由此可见，信息传递是缓解信息不对称的一种重要方式，这是信号传递理论的主要观点。1985 年，斯蒂格利茨将信息不对称理论引入金融市场研究中，基于保险市场和信贷市场，分析了信息不对称所引发的道德风险及逆向选择问题，并提出了信息甄别模型以缓解信息不对称问题。以上三位经济学家分别从产品市场、劳动力市场和金融市场领域探讨了信息不对称问题，奠定了市场经济信息不对称理论的基础。

根据交易双方签订合同之前后顺序，通常将信息不对称产生的行为后果分为：逆向选择、道德风险。其中，逆向选择是指在合同签约之前，具有信息优势的一方为了谋求自身利益最大化而隐瞒相关信息，从而使信息劣势一方难以做出准确决策；道德风险是指在合同签约之后，具有信息优势的一方为追求个人利益最大化而做出损害另一方利益的行为，如购买保险后，投保人行为变得粗心大意导致风险损失发生概率提高。这两种方式都会严重降低市场运行效率，扭曲市场资源配置，需要采取措施加以解决。逆向选择问题主要可以采取信号传递的方式解决；而道德风险问题（以管理层为例）可以采用股票期权、管理层持股等方式来解决。

自信息不对称理论提出后，许多学者把信息不对称理论应用于公司治理、环境信息披露、企业环境治理等领域中。在企业环境治理方面，企业与外部利益相关者存在信息不对称的情况，企业掌握自身环境治理投入的全部信息，而外部利益相关者不知道企业在环境治理的投入及环境表现情况。为区别于环境治理表现不好的其他企业，环境治理表现好的企业就有很强的动机对外披露有关清洁生产、环保设备投资、节能减排等环境信息，树立起注重生态环境保护的良好企业公民形象。

四、委托代理理论

委托代理理论是研究现代公司治理问题的主流分析框架，其核心在于分析并解决信息不对称情况下股东与管理层以及终极控制股东与中小股东的利益冲突问题（李连伟，2017）。其中，股东与管理层的利益冲突问题通常被称为第一类委托代理问题，而终极控制股东与中小股东的利益冲突问题则被称为第二类委托代理问题（李维安，2020）。

第一类委托代理问题是西方传统委托代理理论研究的主要内容。西方传统委托代理理论源于伯利和米恩斯（Berle and Means，1932）所提出的所用权与经营权的两权分离。伯利和米恩斯（1932）对当时美国最大的200 家公司进行考察，发现这些企业的股权结构呈现分散的特征，并且普遍存在所有权与经营权两权分离的现象。由此，企业所面临的公司治理问题主要是股东与管理层二者的利益目标不一致所引发的委托代理问题，这也是随后几十年以来学者们在公司治理领域研究的基本出发点。后经罗斯（Ross，1973）、詹森和梅克林（Jensen and Meckling，1976）、法玛和詹森（Fama and Jensen，1983）等经济学家或公司治理领域学者的扩充与发展，逐渐形成西方传统委托代理理论。

西方传统委托代理理论认为，在股权分散及所有权与经营权相分离的情况下，企业面临的最突出的委托代理问题就是全体股东与管理层之间的目标不一致所产生的利益冲突。股东作为委托人，把企业委托给职业经理人（管理层）经营，希望职业经理人能够全力投入把企业经营好。作为理性经济人，股东的目标是实现股东财富最大化，而职业经理人的目标则是追求个人利益最大化，二者的目标存在本质上的分歧。在股东无法有效监督职业经理人的工作、双方信息又不对称的情况下，掌控企业内部全部运营信息的职业经理人在信息方面占优势地位，在机会主义行为动机驱动下，缺乏有效激励的职业经理人就很有可能不是以企业价值最大化为经营目标，而是滥用职权、降低工作努力程度、享受在职消费，进而侵占股东利益。由此，股东与管理层之间就出现了委托代理问题。对此类委托代理问题，主要通过管理层持股、股权激励、惩戒机制等措施来加以解决。

西方传统委托代理理论是针对美国、英国等少数普通法系发达国家的分散股权及所有权与经营权两权分离的企业现状所提出的一种分析框架（冯根福，2004）。然而，包括中国在内的许多国家和地区的多数企业的股权结构的特征并不是股权分散，而是相对集中或高度集中。拉波塔等（La Porta et al.，1999）以来自 27 个富有国家或地区的上市公司为样本，研究发现，除了英美等少数国家的上市公司符合伯利和米恩斯（1932）定义的股权分散特征之外，其他大多数国家均呈现股权集中的特性。克莱森斯等（Claessens et al.，2000）、法西奥和兰格（Faccio and Lang，2002）等对其他国家（西欧或东亚国家等）的企业样本进行跨国比较分析，也得出与拉波塔等（1999）有关股权集中占多数的类似结论。国内学者相关研究也持相同观点，如冯根福等（2002）认为，我国绝大部分上市公司的股权高度集中的现象是一个众所周知的事实。沿着金字塔股权链条，通过层层追溯，可以发现，这些股权集中的企业多数存在终极控制股东（La Porta et al.，1999；Claessens et al.，2000）。终极控制股东通常采用金字塔股权结构、交叉持股或双重股权结构①等方式（Bebchuk et al.，2000），获取高于现金流量权的控制权来控制上市公司，导致现金流量权（终极所有权）与控制权出现分离的现象。这里需要说明的是，以现金流量权度量的终极所有权与控制权两权分离，不同于伯利和米恩斯（1932）的所有权与经营权两权分离。现金流量权与控制权两权分离是集中股权结构所特有的一种现象。在现金流量权与控制权两权分离的情况下，终极控制股东具有很强的动机侵占中小股东的利益，由此引发第二类委托代理问题。克莱森斯等（2000）以来自东亚9个国家或地区的2980家上市公司的研究样本发现，在非广泛持股的企业中，约有60%企业的高层管理人员是由终极控制股东指派担任，且他们与终极控制股东的家族关系有关，因此，这些企业虽然所有权和经营权之间存在分离，但终极控制股东的控制权和管理者的经营权之间并不存在分离。在这种情况下，企业容易出现的委托代理问题不是股东与管理层的利益冲突，而是终极控制股东与中小股东的利益冲突。施莱弗和维什尼（Shleifer and Vishny，1997）指出，大多数国家的企业主要委托代理问题已不再是外部投资者和管理者之间的利益冲突，而是外部中小股东与几乎完全控制管理者的终极控制股东之间的问题。在上述学者基于终极控制股东的新研究范式的影响下，公司治理领域的国内外学者的关注焦点开始从第一类的委托代理问题向第二类的委托代理问题扩展或转变，如图2-1所示，从而进一步丰富及发展了委托代理理论。

委托代理问题在经济活动及日常生活中极为常见，几乎遍布于经济生活中的各个角落（Jensen and Meckling，1976）。因此，除了股东与管理层、终极控制股东与中小股东的公司治理核心的代理问题研究之外，学者们还

---

① 金字塔股权结构（pyramid shareholding schemes）是指终极控股股东持有直接子公司多数股权，直接子公司同样持有下级子公司多数股权，且每一级可包含多个下级公司，从而形成类似金字塔形状的控制链条。交叉持股（cross-shareholdings）是由一个终极控股股东控制多个公司组成的企业集团，集团内公司之间相互持股，以增强控制人对集团内每家公司的控制权的股权安排形式。双重股权结构或二元股权结构（dual class equity）是指公司资本结构中具有不同投票权的公司股份并存，既有一股一票的股份，即普通投票权（inferior voting shares），也有一股多票的股份，即优先表决权（super voting shares）。

用委托代理理论解释及分析股东与公司董事、债权人与债务人等方面的利益冲突问题。

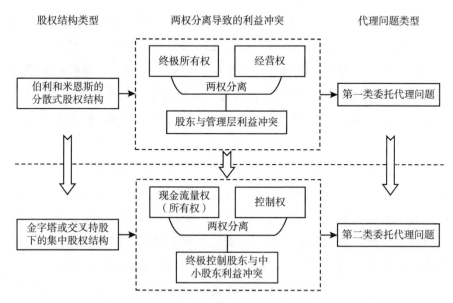

图 2-1　股权结构的委托代理问题研究演变示意图

五、法 与 金 融 理 论

1998 年，来自美国哈佛大学和芝加哥大学的四位学者拉波塔（La Porta）、洛佩兹德·西拉内斯（Lopez－de－Silanes）、施莱弗和维什尼（Shleifer and Vishny）（四位学者简称"LLSV"）发表了一篇题目为《法律与金融》的论文，这篇文章运用法学、金融学与计量经济学相结合的方法，研究法律制度对金融体系的影响，提出了一些关于立法和执法量化的指标，并从法律起源和法律体系的角度解释了 49 个国家在公司股东和债权人的法律保护制度以及这些制度的渊源和执行效果方面的差异，被视为法与金融理论研究的开山之作（胡昌生和龙杨华，2008）。

LLSV（1998）研究发现，法律制度对投资者保护程度因法律起源的不同而存在差异，其中普通法系国家对投资者权利保护最好，法国民法系国家对投资者权利保护最差，德国和斯堪的纳维亚民法国家居中；而在法律执行质量方面，北欧法系与德国法系国家效率最高，普通法系国家居中，法国民法系国家最差；同时，还发现最大上市公司的所有权集中程度与投资者保护呈负相关关系。以 LLSV（1998）的研究为起点，围绕着法律与金融相互关系的研究开始兴盛，这一领域的文献也被学术界统称为法与金融理论。根据江曙霞和代涛（2007）的分类，法与金融理论研究主要划分为两个领域：一是宏观层面的金融发展的法律理论，即研究法律起源、法系、法律移植与金融发展、执法效率与金融发展、投资者保护与金融发展等问题；二是微观层面的公司治理的法律理论，即研究企业的融资能力、融资成本、企业价值、公司治理与法律制度或投资者保护等问题。

在微观层面的公司治理领域，法与金融理论认为，公司治理在很大程度上就是设计一套如何保护外部投资者利益免受企业内部人掠夺的机制，而法律制度（包括立法和执法）在其中起到很关键的作用（LLSV，2000）。LLSV（2002）基于 27 个发达国家的 539 家大型公司的样本数据，研究发现，投资者法律保护越好，中小股东利益受到终极控制股东的侵占程度越低，终极控制股东通过控制权获取私人收益的倾向能够更好地受到抑制，企业的托宾 Q 值越高。他们通过对英美法系国家和大陆法系国家进行比较发现，在投资者保护较好的英美法系国家，企业治理结构更为完善，资本配置效率更高；而在投资者保护较差的大陆法系国家，企业的股权集中程度较高，企业绩效较低。

皮斯托等（Pistor et al.，2000）、阿塔纳索夫（Atanasov，2005）以经济转型国家的上市公司数据为研究样本，也得出与 LLSV（2002）研究相类似的结论。王克敏和陈井勇（2004）对股权结构、投资者保护与企业绩效三者关系进行研究，选取 2000 年沪、深两市 642 家上市公司作为研究对象，实证检验发现，股权结构对企业绩效作用的强弱受到投资者保护程度的影响，法律制度对投资者的保护可以减少管理者对股东权益的损害，从而减少代理成本。在某种程度上，王克敏和陈井勇（2004）的研究也支持了 LLSV（2002）的研究观点。当前，不少国内学者结合各省份的市场化进程差异的中国特有制度背景，把法与金融理论的应用扩展至制度环境或法律环境，从制度环境（张俭和石本仁，2014；任颋等，2015；李梦雅和严太华，2019）、法律环境（苏坤等，2010；吴宗法和张英丽，2012）等视角来探讨其对终极控股东与中小股东利益冲突的缓解作用。

第二节　企业环境治理的影响因素研究综述

国外主要从事企业环境责任、环境绩效、环境信息披露主题的研究，很少有国外学者研究企业环境治理。以企业环境治理（corporate environmental governance）为主题，通过 JSTOR、ABI 等数据库进行搜索，主要发现两篇文献从事此主题研究，即巴克（Backer，2007）、罗德里格等（Rodrigue et al.，2013）。巴克（2007）以壳牌（Shell）跨国公司为例，探讨环境非政府组织等次要利益相关者如何通过面对面谈判等方式参与企业环境治理决策的过程。罗德里格等（Rodrigue et al.，2013）基于来自标准普尔 500 指数的 219 家环境敏感型上市公司研究样本，研究发现，企业环境治理不是本质上的主动行为，而是响应利益相关者诉求的象征性行为。国内最早是孙喜平（2010）研究我国上市公司环境治理的现状及对策。之后主要在近五年出现比较多的国内学者从事企业环境治理影响因素方面的研究。纵观已有研究，发现企业环境治理影响因素可以划分为三大类：外部因素、内部因素及内外部因素结合。下面将分别从企业的外部因素、内部因素、外部与内部因素结合三个角度，系统梳理及回顾企业环境治理的影响因素研究。

一、外　部　因　素

（一）环境规制、执法监督及处罚

由于生态环境具有公共物品属性，依靠市场机制难以有效解决企业环境污染的负外部性问题，这就需要政府监管部门通过环境规制来引导企业进行环境治理（Zeng et al.，2017）。达斯古普塔等（Dasgupta et al.，2001）研究发现，环境监理稽查制度能够提升企业的环境治理绩效。王兵等（2017）以东莞市环保基地政策为例，研究发现，基地政策提高了基地内企业环境治理绩效，特别在解决企业废水、废气、COD 和氮氧排污问题的成效显著，且具有一定的带动基地周边企业的辐射效应。叶莉和房颖（2020）利用重污染上市公司 2012～2018 年数据对政府环境规制与企业环境治理关系进行实证检验，研究表明，政府环境规制对企业环境治理具有显著正向影响。

林婷（2022）基于 1998～2012 年中国工业企业数据库和企业污染排放数据库匹配数据，采用多期双重差分法对清洁生产环境规制的环境治理效果进行评估，研究发现，清洁生产环境规制降低了企业污染排放强度，且这一减排效应在东部地区、国有、大规模及高耗能企业，在高技术和重污染行业中更为明显。

一些学者认为环境规制对企业环境治理的影响存在"门槛效应"。唐国平等（2013）基于中国 A 股上市公司的经验数据，研究发现，政府环境管制强度与企业环保投资规模之间呈"U"型关系，即环境管制对企业环保投资行为的影响存在"门槛效应"，即在"临界值"之前，较低的政府环境管制强度对企业环保投资行为起着负面影响，企业开展环保投资行为的主动性不强，而在"临界值"之后，随着环境管制强度的进一步加大，企业环保投资规模也越来越大，严格的环境管制对企业环保投资行为发挥着积极作用，结论表明，当前企业环保投资行为更多地体现出"被动"迎合政府环境管制需要的特征。与唐国平等（2013）的研究结论相类似，罗明等（2019）构建了环境税制下政府与企业双方在环境治理中的博弈模型，分析不同的环境税水平下政府与企业主体博弈的演化均衡状态以及实现协同治理的环境税制条件，其研究表明，环境税率对政府和企业协同治理的实现存在"门槛效应"，即政府制定的环境税率需要达到一定的水平，且对企业在环境治理中倾向于选择完全治理策略起到倒逼作用，才能使政府与企业达到协同治理的博弈均衡状态；环境税率在不同的政府监管力度差异和企业治理力度差异条件下存在异质性的"门槛效应"，即在较大的政府监管力度差异和企业治理力度差异条件下，环境税率需要达到更高的门槛水平，才能对企业环境治理策略选择起到正向倒逼作用，并防止政府出现因承担较高的预期监管成本而难以为继监管行为的情况。

然而，也有一些学者发现，环境规制未能有效促进企业环境治理。陈等（Chen et al.，2018）以"十一五"规划对水污染治理规定为切入点，发现环境规制并未直接增加重点排污企业环保投资额，反而导致企业向环境规制宽松地区迁移。崔广慧和姜英兵（2019）基于2015年新《环保法》正式实施这一准自然实验，考察被称为史上最严的新《环保法》对企业环境治理行为的影响，研究发现，新《环保法》实施未能有效促使企业积极参与环境治理，反而导致企业缩减生产规模的消极应对行为。进一步对企业消极应对新《环保法》实施的原因分析发现，新《环保法》实施带来的环境治理压力过大，加之资源激励效应较弱，导致企业侧重采取基于合规动机的应急措施。

我国环保领域至今已有20多部与环保相关的法律，以及超过40个条例法规、600多个规范性法律文件。有效的法治体系同时需要执法必严，但环保部门采用属地管理体制，地方环境执法不力的现象时有发生。由此，一些学者从环保执法监督角度探讨企业环境治理。沈洪涛和周艳坤（2017）以我国环保部2014年推出的环保约谈作为外生事件进行准自然实验研究，以是否被约谈来衡量中央政府对不同地区环境执法监督的力度，研究发现，环保约谈显著改善了被约谈地区企业的环境治理绩效，并且环境绩效改善仅显著存在于国有企业，环境执法监督的压力并未在非国有企业的环境表现上得到显著体现。翟华云和刘亚伟（2019）从扮演环境执法监督作用的环境司法专门化角度来探讨企业环境治理，研究表明，环境司法专门化能够有效地促进该地区企业进行环境治理，但是企业环境治理投资抑制了生产性资本投向；进一步研究发现，东部地区、市场化度越高的地区环境法庭设置能有效地促进企业环境治理，还有地区环境规制强度与环境司法专门化之间起到相互补充作用，在环境规制强度低的地区，环境法庭的设置能有效地促进企业进行环境治理。

不同于上述学者从事前的环保立法、执法监督角度探讨环境规制对企业环境治理的影响，一些学者从事后的环境违法处罚角度来分析环境执法的治理作用。王云等（2020）运用犯罪经济学中的威慑理论，分析目标企业环境行政处罚对同伴企业环保投资的影响，实证结果显示，目标企业环境行政处罚增加了同伴企业的环保投资，即通过同伴影响路径，环境规制产生威慑效应。徐彦坤等（2020）的研究结论与王云等（2020）的有所不同，他们以2006～2013年中国工业上市公司为样本，研究发现，我国环境处罚并未对企业的减排决策产生实质性影响，仅降低了企业绝对排污水平，但没有降低企业的相对污染水平，认为这主要是因为环境处罚并未对企业经营绩效产生实质性影响，仅给企业带来了一定的市场风险，提高了企业的债务资本成本，且仅以环境处罚严厉程度和处罚行政层级的影响较为明显。陈晓艳等（2021）把企业环境治理划分为过程和结果两个维度，研究环境处罚对目标企业的特殊威慑和其他企业的一般威慑作用，利用2012～2018年重污染行业上市公司为研究样本，研究发现，环境处罚频次和处罚力度均能促进目标企业在过程维度和结果维度的环境治理，表明环境处罚对目标企业的环境治理具有特殊威慑作用。进一步分析发现，目标企业的环境处罚还能促进同行业其他企业在过程维度和结果维度的环境治理，表明环境处罚对同行业其他企业还具有一般威慑作用。

（二）环保产业政策

由于环境治理投资周期长、见效慢，企业缺乏环境治理投入的积极性，因而需要政府加以积极干预。有别于上述自上而下的命令控制型环境规制，环保产业政策主要通过政府补贴、信贷优惠与税收优惠等经济资源支持的政策，引导企业主动参与环境治理。姜英兵和崔广慧（2019）以2006～2015年重污染上市公司为研究样本，实证检验了环保产业政策对企业环保投资的影响，研究发现，环保产业政策有利于企业加大环保投资，且主要体现在国有企业中。刘相锋和王磊（2019）采用辽宁省工业企业微观数据，探讨地方政府补贴是否对企业产生环境治理激励作用，结果表明，地方政府对企业的补贴并没有显著提升企业的环境治理效率，但可以显著提升企业环境治理的稳定性。与刘相锋和王磊（2019）的研究结论有所差异，吕明晗等（2020）以 2007~2017 年重污染行业上市公司为研究样本，研究发现，政府补贴能够发挥"资源再分配效应"和"合法性激励效应"，进而显著提升企业环保投资水平，且在现阶段具有一定的边际递增效果，这一影响在市场化程度较低或环境规制较强地区的企业中更为显著。

（三）政府采购及环境审计

政府采购是许多国家支持绿色发展的政策工具之一。我国《政府采购法》明确规定了政府采购应当有助于实现国家的经济和社会发展包括保护环境等方面的政策目标。国家还出台了政府采购节能认证和环境标志认证产品的具体规定，这就要求在政府采购过程中应关注供应方企业环境责任表现。张沁琳（2019）以沪深 A 股 2008~2016 年上市企业为样本，基于企业披露的政府客户数据，通过实证检验发现，企业向政府客户的销售比例越高，企业环境治理投入越多，政府采购对企业环境治理的推动作用对于环境治理需求大和资金约束程度高的企业更为明显；具有行政管理权力、财政资金支持力度大的政府采购单位更能激励企业环境治理投入。进一步研究结果表明，政府采购通过提高企业的环境责任意识和融资能力影响企业环境治理，既提升企业环境治理的意愿，又使企业可以拥有更多的资金投入环境治理活动。

政府环境审计是我国环境治理的重要监督机制，兼具"督企"和"督政"的特点，其本质目标在于促进政府和企业受托环境责任的全面有效履行。蔡春等（2021）基于 2008~2017 年各级审计机关开展的环境审计活动，构建了环境审计指数，并以上市公司为样本，从企业环保投资的视角，实证研究了政府环境审计的微观环境治理效应，实证结果发现，政府环境审计显著促进了企业环保投资水平的提高。审计机关的层级越高、地区法治化水平越高，政府环境审计对提高企业环保投资的促进作用越大。进一步分析发现，在规模更大的企业、重污染行业企业、非国有企业、有政府环保财政补助的企业和环保压力更大的地区，政府环境审计对提高企业环保投资的促进作用更大。于连超等（2020）以 2009 年颁布的《审计署关于加强资源环境审计工作的意见》为事件构造准自然实验，运用双重差分法考察了政府环境审计对企业环境绩效的影响，研究结果发现，政府环境审计对企业环境绩效具有显著的正向影响，说明政府环境审计通过发挥揭示功能、抵御功能和预防功能，可有效地改善企业的环境绩效。

（四）外部治理机制

从外部治理机制探讨企业环境治理影响因素，主要有媒体关注与分析师关注两个角度。王云等（2017）针对媒体关注对企业环保投资行为的影响问题，构建相应理论模型，并采用 2008～2014 年上市公司数据进行实证研究，研究结果表明，采用媒体对企业环境污染的负面报道作为代理变量，媒体关注会显著增加企业环保投资；环境规制强度增强了媒体关注这一环境治理作用，体现在直接性规制程度较强的情况下，媒体关注进一步促进企业环保投资，并形成市场压力；相反，在经济性规制较弱的环境中，媒体关注发挥替代作用。程博（2019）认为，分析师通过对公司所披露的环保信息进行专业解读，能够引起投资者、媒体乃至监管机构的注意力，从而直接或间接约束企业的经营活动和监督管理层环境治理行为；基于 2007～2015 年沪深两市上市公司的研究样本，研究发现，分析师关注有助于约束企业管理层以牺牲环境为代价的利己行为，使企业管理层为应对环境合法性危机和获得环境合法性认同而显著提升企业环境治理绩效。

（五）机构投资者实地调研等其他因素

还有一些学者从机构投资者实地调研、5A 旅游景区、空气污染等角度探讨企业环境治理的影响因素。赵阳等（2019）基于信息不对称理论，以 2013～2016 年深交所 A 股重污染行业上市公司为样本，实证检验了机构投资者实地调研对企业环境治理的影响及作用机制，研究结果发现，机构投资者实地调研推动了企业环境治理；在企业环境信息披露较差和拥有更多本地子公司企业中，机构投资者实地调研对企业环境治理的影响更为明显；进一步考察其影响路径发现，机构投资者实地调研获取的环境信息能够向资本市场及媒体传播，再通过资本市场和媒体的监督作用，促使企业进行环境治理。胡珺等（2020）以 2007～2015 年我国 A 股上市公司为研究样本，检验 5A 级旅游景区机制是否有助于缓解地方政府的环境监督缺位而推动企业环境治理，研究发现，当地方城市存在 5A 级旅游景区时，当地企业的环境治理投资更多。对作用机制的分析表明，处于 5A 级旅游景区的企业承受的政府环境监督力度相对更强。进一步分析发现，相对于人文资源景观，自然资源景观对企业环境治理的推动作用更加明显；旅游收入占地方 GDP 比重更大时，5A 级旅游景区的环境治理作用更强。迟铮（2021）基于空气污染视角，研究发现，空气污染程度与重污染企业环境治理行为显著正相关，即企业所在地空气污染越严重，重污染企业环境治理力度越大。

二、内部因素

（一）高管特征

一些学者从管理层能力、管理者自信、高管的家乡认同、学术经历、学历特征等高管特征研究其对企业环境治理的影响。

李虹等（2017）基于 2010～2015 年我国沪深两市 A 股重污染行业上市公司的样本数据，探讨企业管理层能力对企业环保投资的影响，研究发现，管理层能力与企业环保投资规模呈 "U" 型关系，即管理层能力存在一个临界点，只有高于临界值，管理层能力才能正向影响企业环保投资规模。与民营上市公司相比，国有控股上市公司管理层能力对企业环保投资作用更显著，大部分国有控股企业处于 "U" 型关系中临界值之后的阶段，表明国有企业环境治理更加积极；而民营企业处于临界值之前的阶段，说明民营企业更倾向于追求自身利益。进一步研究发现，相对于高市场竞争，当行业处于低市场竞争时，管理层能力与企业环保投资规模的 "U" 型关系更加陡峭。刘艳霞等（2020）认为，自信程度较高的管理者会高估自身能力和认知，即使在我国现阶段较强环境规制背景下，也会低估企业面临的环境处罚风险、诉讼风险、被媒体曝光风险以及社会舆论压力，研究发现，管理者自信与企业环保投资之间呈负相关关系，即越自信的管理者在环保方面投资越少。

胡珺等（2017）以2000～2014年沪深非金融上市公司为样本，分析了高管的家乡认同对企业环境绩效的治理作用，研究发现，当董事长和总经理在其家乡地任职工作时，企业的环境投资更多，说明高管的家乡认同对企业环境治理行为具有积极的推动作用。苑泽明等（2019）以高管中有人在高校任教、科研机构任职和协会从事研究等度量高管学术经历，从理论和实证两个方面研究了绿色发展背景下"文人高管"对企业环保投资行为的影响效应及机制，结果表明，高管的学术经历对企业环保投资具有正向的促进作用，但相对于民营企业，高管的学术经历在国有企业环保投资中发挥的作用更大。进一步研究发现，在市场化进程较高的地区，高管学术经历对企业环保投资的促进效应更大。邓彦等（2021）以2008～2018年我国A股上市公司为研究样本，研究结果显示，高管学历层次越高，企业环保投资力度越大。进一步分析后发现，高管激励机制对高管学历特征与企业环保投资行为间的关系没有显著的调节效应；相对于非国有企业，国有企业高管学历特征对企业环保投资行为的作用更加显著。

（二）公司治理等其他因素

还有一些学者从公司治理、股权结构、产权性质、大股东股权质押角度探讨企业环境治理的影响因素。沃尔斯等（Walls et al.，2012）从公司治理（股权结构、董事会规模、高管激励）视角探讨企业环境绩效的影响因素，研究发现，股权集中度显著正向影响企业环境绩效。布伊彦等（Bhuiyan et al.，2021）从公司治理的角度探讨了企业环保投资的影响因素，以2001～2015年来自彭博欧洲500指数的上市公司作为样本，研究发现，独立董事的规模、女性董事与企业环保投资正相关，董事会有设置环境小组委员会的上市公司，具有更高的环保投资；还发现CEO奖金计划与环境绩效挂钩的公司可能引致更高的环保投资。唐国平和李龙会（2013）从公司治理范畴中的股权结构，结合产权性质探讨了企业环保投资行为的特性，实证检验结果发现，股权制衡度、管理层持股比例分别与企业环保投资规模呈显著的负相关关系，表明企业大股东和管理层普遍缺乏开展环境治理与环保投资的积极性；相比民营企业，国有企业在环保方面投入了更多的资金。周艳坤等（2021）以 2000～2018 年中国 A 股重污染上市公司为样本，实证检验大股东股权质押是否会影响企业环境治理水平，研究表明，重污染上市公司的大股东股权质押后，为了规避企业环境治理不善可能带来的控制权转移风险，会显著提高企业的环境治理水平。进一步研究发现，这一现象在融资约束较高的企业和民营企业中体现更为明显。

三、企业外部与内部因素的结合

还有一些学者从企业外部与内部因素两个角度相结合来探讨企业环境治理的影响因素，如张琦等（2019）、陈幸幸等（2019）及刘媛媛等（2021）、谢东明和王平（2021）、胡珺等（2022）。

张琦等（2019）以《环境空气质量标准（2012）》的实施为准自然实验，将地方官员动机、企业环保决策与高管公职经历置于同一研究场景，采用倍差法检验了新标准实施引致的官员动机变化对企业环保决策的影响，研究结果显示，环境空气新标准的颁布与实施后，地方官员的环境治理动机被充分激发，高管具有公职经历的企业以往受到的污染庇护效应降低甚至消失，其污染减排的意愿显著增强，环保投资规模的提升程度显著高于那些高管无公职经历的企业。进一步分析发现，地方政府的环保财力越有限，对高管具有公职经历的企业环保投资的依赖就越强；地方政府干预能力越强，高管具有公职经历的企业进行环境治理的意愿越强；企业的国有产权属性、高管的"先天"公职经历均更大程度地提升了此类企业环境治理的意愿。

陈幸幸等（2019）以《绿色信贷指引》的实施为准自然实验，探讨绿色信贷约束与商业信用的互动关系，以及由此带来的企业环境治理效应，研究发现，《绿色信贷指引》导致重污染企业受到了来自商业银行的绿色信贷约束，刺激企业转而增加商业信用进行替代融资；绿色信贷约束促进了重污染行业企业的环境治理投入，但这种促进作用仅存在于银行贷款和商业信用均受限的企业，说明受到较强绿色信贷约束且难以获得商业信用的重污染企业，为了应付银行对其进行的环境风险评估，才不得不将现有资源投入环境治理，侧面反映了企业环境治理缺乏主动性。

刘媛媛等（2021）采用双重差分模型实证检验了新《环保法》对企业环保投资的影响，以及不同高管薪酬激励模式导致的政策效应差异，研究发现：第一，新《环保法》的实施显著提升了企业环保投资水平，在法治水平高的地区，新《环保法》对企业环保投资的促进作用更加显著；第二，高管薪酬黏性水平越高或者股权激励程度越高的企业，环保投资提升幅度越大，相对于股权激励程度低的企业，股权激励程度高的企业环保投资提升幅度更大；第三，在行政级别水平越高或者政府补助水平越高的企业，新《环保法》对企业环保投资的促进效应更强。

谢东明和王平（2021）以 2011～2019 年 120 个主要城市的重污染行业的 A 股上市公司为研究对象，实证检验减税激励和独立董事规模对企业环保投资的影响，研究结果表明，国家税务机关对重污染企业实施减税激励以及企业扩大独立董事规模均能够促进企业环保投资的增加，并且独立董事规模的扩大能够强化减税激励对企业环保投资的促进作用。进一步研究发现，降低股权集中度有助于发挥独立董事规模的强化效应，但企业现金流较为短缺会削弱独立董事规模对减税激励促进企业环保投资增加的强化效应。

胡珺等（2022）以"清洁生产标准"实施作为准自然实验，结合企业成本转嫁能力，考察环境规制对企业环境治理的影响，研究发现：在环境规制的压力下，企业会相应地提高环境治理支出以满足环境合规的要求；但是，考虑企业的成本转嫁能力，环境规制与企业环境治理的正相关关系在议价能力相对更低（客户集中度相对更高）的企业中更为明显。其研究结果表明，环境规制有助于推动微观企业环境治理，但由于存在成本转嫁行为，导致消费者最终承担了环境规制内化的污染成本。

第三节　企业环境治理的经济后果研究综述

在企业环境治理经济后果方面的研究，国内外学者比较多地集中在企业环境治理与企业绩效（或企业价值）关系的探讨。除了企业绩效的经济后果研究之外，一些学者研究了企业环境治理对权益资本成本、实际税负、企业声誉等方面影响的经济后果研究。

一、企业环境治理与企业绩效关系

企业环境治理与企业绩效（或企业价值）关系一直是学术界与企业界争论不休的主题。藤井等（Fujii et al.，2013）、特鲁姆普和冈瑟（Trumpp and Guenther，2017）、张国清等（2020）梳理了相关文献，发现企业环境治理与企业绩效关系的结论主要有四种：负相关、正相关、倒"U"型关系、"U"型关系，并将解释二者关系的理论基础归纳为四类，如图 2 - 2 所示。

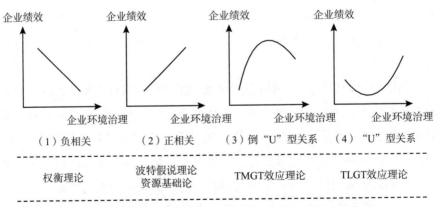

图 2 - 2　企业环境治理与企业绩效关系类型及其相关理论假说

资料来源：参考藤井等（2013）、佩科维奇等（Pekovic et al.，2018）、张国清等（2020）文献绘制。

　　第一类是解释二者负相关关系的权衡理论，该理论主要基于新古典经济学的传统观点，认为企业在决策中考虑环境因素会削弱企业的财务绩效，这是由于环境保护需要企业在非生产方面增加成本和投资，而这方面的投资与财务绩效没有直接关系，这种额外的投资会降低企业的市场竞争力。因此，环境绩效和经济绩效二者之间存在着一种权衡选择的关系。贾吉和弗里德曼（Jaggi and Freedman，1992）、苏依佑希和戈托（Sueyoshi and Goto，2009）、马可尼等（Makni et al.，2009）、姜英兵和崔广慧（2019）相关研究支持了权衡理论假说。贾吉和弗里德曼（1992）以美国纸浆和造纸行业上市公司为研究对象，实证结果表明，污染减排的环境绩效负向影响企业绩效及市场绩效。苏依佑希和戈托（2009）研究1990年美国通过《清洁空气法》修正案之后，美国电力行业企业环保支出与企业绩效的关系，结果发现，二者负相关。马可尼等（2009）从加拿大社会投资数据库（CSID）获取179家企业的2004～2005年的数据研究样本，研究发现，环境维度的企业社会责任与企业绩效具有显著的负相关性。姜英兵和崔广慧（2019）以2006～2015年沪深A股重污染上市公司为研究样本，研究发现，当期企业环保投资不利于企业价值创造。

　　第二类是解释二者正相关的波特假说理论（Porter and Linde，1995）和资源基础论（Hart，1995）。波特假说理论认为，合理设计的环境规制能够促使企业加大清洁生产技术等的绿色技术创新与运用，使企业在提升企业环境治理水平的同时，改善产品生产及业务流程，这些创新能够为企业带来"补偿效应"和"先动优势"，从而部分或完全抵消由环境治理所带来的成本，增强企业竞争力，进而有助于提升企业绩效。尼赫特（Nehrt，1996）最早从企业环保投资视角实证探讨其对企业绩效的影响，他以来自8个国家的50家漂白化学纸浆企业作为样本，研究发现，早期投资于减污技术的企业能够获得更高的利润增长，验证了绿色技术创新的"先动优势"。克里斯特曼（Christmann，2000）基于88家化工企业的问卷调查数据，实证结果表明，企业的污染预防技术水平越高、创新性越强，从环境管理活动中所获取的成本优势就越大，同时，发现企业制定及实施环境战略越早，就越能从环境管理活动中获得成本优势，进而越有助于提升企业绩效。焦捷等（2018）研究发现，企业环境治理投资有助于改善民营企业绩效。吉姆和斯塔特曼（Kim and Statman，2012）、吴梦云和张林荣（2018）、李桂荣等（2019）则从企业环境责任的角度实证检验支持了波特假说理论。资源基础论认为，企业专注于重新设计产品以及引入清洁生产技术以防止污染所采取的积极主动环境治理战略，需要组织学习、利益相关者整合和持续改进，这些可以视为资源基础论中的组织能力，能够为企业创造出竞争优势，从而使企业环境治理有助于改善企业绩效。鲁索和福茨（Russo and Fouts，1997）、沙玛和弗里登保（Sharma and Vredenburg，1998）、克拉森和怀巴克（Klassen and Whybark，1999a）、阿拉贡 – 拉戈纳和沙玛（Aragón-correa and Sharma，2003）、克拉克森等（Clarkson et al.，2011）、乔治等（Jorge et al.，2015）的相关研究证实了企业环境治理与企业绩效二者正相关的资源基础论假说。

第三类是 TMGT 效应理论假说（Too – Much – of – a – Good – Thing）。TMGT 效应理论假说认为，企业环境治理与企业绩效二者是非线性的先正后负的倒"U"型关系，企业环境治理投入存在一个最优临界点，当低于最优临界点之前，企业环境治理与企业绩效正相关，而当企业环保投资超过最优临界点之后，企业环境治理投入过多，导致环境治理成本大于环境收益，从而使企业环境治理负向影响企业绩效。藤井等（2013）、佩科维奇等（Pekovic et al.，2018）分别以日本制造业企业及法国制造业企业为样本，研究结果发现，企业环境绩效（或企业环保投资）与企业绩效二者呈倒"U"型关系。张苹和伍双霞（2017）基于我国重污染行业上市公司2008～2014 年的数据样本，研究发现，过度的环保投资与企业绩效负相关，二者之间存在倒"U"型的非线性关系。

第四类是 TLGT 效应理论假说（Too – Little – of – a – Good – Thing）。TLGT 效应理论假说认为，企业环境治理与企业绩效二者是非线性的先负后正的"U"型关系，企业环境治理对企业绩效的正向影响存在一定"门槛"，当企业环境治理低于门槛界限，其投入水平属于较低时，企业采取的是被动反应式环境治理战略，企业环境治理与企业绩效负相关，而当环境治理投入达到较高水平，并超过"门槛"界限后，企业采取的是积极主动式环境治理战略，能够使企业环境治理与企业绩效正相关。特鲁姆普和冈瑟（2017）、陈琪（2019）、张国清等（2020）分别从企业环境绩效、企业环保投资、企业环境治理的过程和结果角度验证了 TLGT 效应假说。

还有一些学者从环境战略、环境治理动机的角度研究企业环境治理，发现企业环境治理与企业绩效之间存在多种关系的混合结果，如瓦格纳（Wagner，2005）研究不同环境战略下的环境绩效与企业绩效的关系，发现采用末端治理战略的企业，其环境绩效与企业绩效呈负相关的关系，而采用污染预防导向的环境战略的企业，环境绩效与企业绩效正相关。崔广慧和姜英兵（2020）基于环保产业政策支持的企业环境治理行为角度，把企业环境治理动机划分为高管价值创造动机与高管自利动机，实证结果发现，高管价值创造动机下进行的环境治理投资可提升企业价值，高管自利动机下的环境治理投资则损害企业价值。

此外，还有一些学者认为，企业环境治理与企业绩效之间不存在相关性的关系，如沃森等（Watson et al.，2004）、埃萨耶德和佩顿（Elsayed and Paton，2005）、埃瓦塔和欧卡达（Iwata and Okada，2011）等的研究结果表明企业环境治理对企业绩效的影响不显著。

二、企业环境治理与权益资本成本关系

一些学者从权益资本成本角度探讨企业环境治理的经济后果。比如，李虹等（2016）基于 2008 ~ 2013 年沪深两市 A 股重污染行业上市公司的样本数据，采用时间固定效应模型检验了企业环保投资与股权资本成本的关系，研究结果表明，企业环保投资与股权资本成本之间呈现倒"U"型关系，即企业环保投资对股权资本成本的降低效应存在一个临界点，高于临界点时，企业环保投资才能降低企业股权资本成本。进一步验证发现，环境管制强化了企业环保投资与股权资本成本之间的倒"U"型关系，当企业环保投资低于临界点，与低环境管制的企业相比，高环境管制企业的环保投资对股权资本成本的正向影响更强；当企业环保投资高于临界点时，"创新补偿"占据主导位置，高环境管制企业的环保投资的增加将引

发股权资本成本更大幅度降低。蔡春等（2021）研究发现，企业环保投资水平与企业权益资本成本负相关，说明企业环境治理有助于降低权益资本成本。

三、企业实际税负等其他经济后果

还有一些学者发现，企业环境治理可以降低企业实际税负、提升企业声誉及降低银行对企业的贷款利率定价。

杨旭东等（2020）以 2008～2016 年重污染行业上市公司的数据研究了环保投资对企业实际税负的影响，研究发现，企业环保投资有利于企业实际税负的降低，与国有企业相比，这种负相关关系在民营企业中更为显著。进一步研究发现，环保投资与实际税负的负相关关系在所得税征管部门为地方税务局以及在制度环境较差的地区更为显著；但地方政府的财政压力并没有对企业环保投资与企业实际税负的关系产生显著影响，且地区税收收入也没有因为地区环保投资总额的增加而减少，这表明地方政府会把环保企业降低的实际税负转移给其他企业，从而在激励企业环保投资和避免财政收入下降中取得平衡。

唐等（Tang et al.，2012）基于资源优势和信号传递理论，以美国 500 家规模最大的企业为研究样本，研究发现，企业环境治理能够提升企业声誉及客户满意度。叶莉和房颖（2020）研究发现，企业环境治理有助于改变银行对重污染企业的环境风险评估，降低银行利率定价。

第四节　本章小结

首先，本章阐释了外部性理论、组织合法性理论、信息不对称理论、委托代理理论、法与金融理论，这些理论是后文探讨企业环境治理影响因素及经济后果时将会用到的理论，是本书提出研究假设所依托的主要理论基础。

　　其次，从企业外部因素、内部因素以及外部与内部因素结合的三个角度对企业环境治理的影响因素展开综述。已有文献比较多地从企业外部因素来研究其对企业环境治理的影响，这些外部因素主要有环境规制、执法监督、环境违法处罚、环保产业政策、政府采购、政府环境审计、外部治理机制（媒体关注与分析师关注）、机构投资者实地调研、5A 旅游景区、空气污染等。已有研究从企业内部因素研究企业环境治理的影响因素，主要有管理层能力、管理者自信、高管的家乡认同、学术经历、学历特征等高管特征，以及从公司治理范畴的董事会特征（独立董事规模、女性董事）、股权结构等。还有一些学者是从企业外部与内部因素相结合来探讨企业环境治理的影响因素，如地方官员动机与企业高管公职经历、绿色信贷约束与企业商业信用、新《环保法》与高管薪酬激励模式、国家税务机关减税激励与独立董事规模、"清洁生产标准" 环境规制与企业成本转嫁能力等。纵观已有文献，研究企业环境治理的外部影响因素的成果已十分丰富，而企业内部层面的影响因素研究显得相对不足。通过文献梳理发现，已有研究通常把企业规模、盈利能力等企业特征作为控制变量来处理，如胡珺等（2017）、赵阳等（2019）、周艳坤等（2021），鲜有文献的研究主题是从企业特征角度来直接探讨企业环境治理的影响因素。为了更好地从企业微观层面了解不同企业的环境治理差异，后文将从企业特征结合中观层面的行业竞争属性来研究企业环境治理的影响因素。此外，已有研究表明，公司治理是影响企业环境治理的一个很重要因素（Walls et al.，2012；Bhuiyan et al.，2021）。已有公司治理角度研究主要涉及董事会特征及股权结构。其中，已有董事会特征研究只涉及独立董事规模、女性董事等部分特征，不够全面；而股权结构主要围绕直接控股股东展开，没有追溯扩展至终极控制股东。为弥补已有研究的不足，本书后文还将从董事会特征、终极所有权结构来探讨企业环境治理的影响因素，并引入制度环境，考察制度环境对企业环境治理的影响，以及制度环境在缓解终极控制股东两权分离对企业环境治理负向影响中所起的调节作用。

　　最后，本章对企业环境治理的经济后果研究进行了系统梳理。已有研究企业环境的经济后果主要涉及企业绩效（或企业价值）、权益资本成本、企业实际税负、企业声誉、客户满意度、银行贷款利率等。其中，从企业绩效研究企业环境治理相关主题的经济后果比较多，但目前对企业环境治理与企业绩效关系尚没有达成一致的见解，得出负相关、正相关、倒"U"型关系、"U"型等多种不同的结论。不同研究结论很大程度上源于研究样本、度量方法、模型选择等方面的差异。由于企业环境治理与企业绩效关系的结论存在很大的差异，因此，本书有必要在已有研究的基础上，进一步探讨企业环境治理与企业价值的关系。同时，通过文献梳理可以发现，尽管已有学者研究企业环境治理可以降低银行利率定价（叶莉和房颖，2020），但尚未探讨其对企业债务融资成本的影响。因此，本书在后文还将从债务融资成本角度来探讨企业环境治理的经济后果。

第三章

企业特征、行业竞争属性
与企业环境治理

本章以 691 家重污染行业上市公司 2012～2018 年连续七年的平衡面板数据为研究样本（共计 4837 个观测值），从微观层面的企业特征（企业规模、盈利能力、财务杠杆），结合中观层面的行业竞争属性视角，实证探讨企业环境治理的影响因素。

第一节 问题提出

近年来，随着环境问题的日益严峻，以及在全球各国共同关注全球变暖问题、利益相关者不断施加环保压力以及环境规制压力的作用下，企业面临的环境治理压力不断增大（Solomon and Lewis，2002；Vormedal and Ruud，2009）。由此，环境污染治理及环境保护成为企业生产经营过程不得不考虑的一个议题。与此同时，企业环境治理相关研究也逐渐发展成为学术界日益重要的研究主题。

当前，实证研究是企业环境治理的主流研究范式，该领域研究的一个重要方面是影响因素研究。众多学者均认为，企业规模、盈利能力、财务杠杆等企业特征是影响企业环境治理的重要因素，因此，已有研究通常把企业特征作为控制变量来处理。贾莱特等（Jaraitė et al.，2012）研究发现，企业规模、盈利能力与企业环境治理正相关。罗德里格等（Rodrigue et al.，2013）研究显示，企业规模正向影响企业环境治理，而盈利能力负向影响企业环境治理。胡珺等（2017）研究表明，企业规模与企业环境治理正相关，而财务杠杆对企业环境治理的影响不显著。赵阳等（2019）研究发现，财务杠杆正向影响企业环境治理，而企业规模、盈利能力对企业环境治理的影响不显著。崔广慧和姜英兵（2020）研究发现，盈利能力、财务杠杆与企业环境治理正相关，企业规模影响不显著。显然，学者们对企业特征与企业环境治理关系尚未达成一致的见解，存在进一步研究的空间。

此外，许多学者研究发现，行业属性也是影响企业环境治理的重要因素（Nieminen and Niskanen，2001；程隆云等，2011）。以往文献在行业属性对企业环境治理影响的相关研究中主要体现在两个方面：一是在研究模型里控制行业的影响，把行业设置成虚拟变量来处理，如布拉默和帕维琳（Brammer and Pavelin，2008）、沈洪涛和冯杰（2012）；二是重污染行业与非重污染行业的企业环境治理差异研究①，如加拉尼等（Galani et al.，2012）、刘茂平（2013）、程博（2019）、蔡春等（2021）。在行业属性方面，目前尚没有学者基于行业竞争属性角度研究其对企业环境治理的影响。参考岳希明等（2010）、江伟（2011）的行业竞争属性界定，根据行业竞争的程度，可以把行业大体划分为垄断性行业与竞争性行业。垄断性行业企业与竞争性行业企业在资源及产品定价能力等存在较大的差异，它们在环境保护投入及企业环境治理方面也就有所差别。

在已有研究的基础上，本章主要做出如下三个方面的扩展：一是把已有文献作为控制变量处理的企业特征作为本章的主要解释变量；二是同时尝试从行业竞争属性来研究企业环境治理，为该领域提供了中观层面的新的行业属性研究视角；三是采用2012~2018年重污染行业上市公司的面板数据为研究样本，以期揭示出企业特征、行业竞争属性与企业环境治理之间的内在联系。

---

① 国外学者采用环境敏感型行业（environmentally sensitive industries）与非环境敏感型行业的分类方法，等同于国内学者的重污染行业与非重污染行业的分类。

第二节　理论分析与研究假设

一、企业规模与企业环境治理

在现有文献中，企业规模是从企业特征层面解释企业环境治理影响因素的最常用变量之一（Ortas et al.，2014），并且多数学者研究发现，企业规模与企业环境治理之间存在正相关关系（Jaraitė et al.，2012；Haller and Murphy，2012；Rodrigue et al.，2013；胡珺等，2017；迟铮，2021）。企业规模与企业环境治理的正相关性，可以从以下两个方面进行解释。一方面，根据组织合法性理论，规模越大的企业，对社会的影响力越大，受到社会关注的程度越高，社会公众及监管部门对其在环境治理方面的期望也就越高（Brammer and Pavelin，2008）。因此，规模越大的企业所面临的环境合法性压力越大[①]。在环境合法性压力的影响下，大企业通常会采取更多的环境治理措施，并对外披露更多的环境信息，以获取社会公众的好感和支持。另一方面，规模越大的企业在生产经营过程对环境的影响越高，更有必要进行环境污染治理，且其环境治理往往能够因其规模投入而产生规模经济性（Haller and Murphy，2012）。基于上述分析，本章提出如下假设：

假设3-1：企业规模与企业环境治理正相关。

二、盈利能力与企业环境治理

企业盈利能力与企业环境治理关系的结论存在较大的差异，但本章认为，盈利能力能够正向影响企业环境治理。

[①]　环境合法性指社会公众对企业的环境绩效表现是令人满意的、适当或恰当的整体认知及评价（Bansal and Clelland，2004）。

根据普雷斯顿和奥班农（Preston and O'Bannon，1997）的"可利用资金假设"，企业履行环境责任的意愿及行为会受到企业自身可用资金资源的约束，企业只有具备良好的企业绩效，才有可能履行更多的环境责任。盈利能力强的企业拥有充足的资金资源，有能力在环境治理等方面投入更多的人力、物力等资源（Andrikopoulos and Kriklani，2013），并且愿意承担起更多的环境责任，以此改善日益关注环保行为的利益相关者和企业之间的关系，进而为企业创造出良好的经营环境。信号传递理论认为，由于信息不对称，盈利能力强的企业为了避免被市场误认为是"柠檬"，会倾向于对外积极披露环境治理投入的信息，以便与盈利能力差的企业区别开（Lang and Lundholm，1993；Ortas et al.，2014）。委托代理理论认为，企业绩效好的管理者更有动力向股东等利益相关者披露环境治理投入，形成良好的环境管理形象，减少利益冲突，以确保他们的地位以及成为要求增薪的资本（Giner，1997）。另外，卡斯泰洛和洛扎诺（Castelló and Lozano，2011）认为，盈利能力强的企业通过积极承担环境责任，来增强其盈利模式在社会公众中的接受度，从而能够让社会公众继续认同企业的存在及其发展的合法性地位。基于上述分析，本章提出如下假设：

假设 3 - 2：盈利能力与企业环境治理正相关。

三、财务杠杆与企业环境治理

银行等债权人出于资金借贷安全的考虑，会关注企业的环境治理情况。如果企业的经营活动对环境带来负面影响，出现了重大的环境事故，就会遭受资本市场的惩罚和监管部门的严厉罚款，进而直接威胁债权人的利益能否得到保障（Huang and Kung，2010）。奥尔塔斯等（Ortas et al.，2014）认为，企业的财务杠杆越高，股东、债权人及管理层间的利益冲突越大，代理成本就越高。债权人通常会要求财务杠杆高的企业详尽披露环境治理投入的信息，以便能够有效监督企业经营活动，阻止其机会主义行为。另外，财务杠杆高的企业存在潜在的环境风险，更有可能会受到债权人中止合作的影响，因为债权人会考虑其潜在的环境风险而取消贷款或中止企业的进一步贷款。所以，财务杠杆越高的企业，越有必要从事环境治理投入，并借助环境治理信息的对外披露，解决信息不对称，减少代理成本及缓解利益冲突问题（Ortas et al.，2014），进而赢得债权人的信任，改善融资环境，获得再融资机会。基于以上分析，本章提出如下假设：

假设3－3：财务杠杆与企业环境治理正相关。

四、行业竞争属性与企业环境治理

根据经济学及企业战略理论，垄断性行业进入门槛高，行业竞争程度相对较低，其在位企业规模通常比较大，讨价还价能力强，其较强的定价能力能确保其获得较高的经济利润，所以拥有足够的资源从事环境保护及环境污染治理等活动，其环境治理投入的成本能够通过提高产品价格或降低原料采购价实现转移。此外，国有企业在垄断性行业通常占多数（岳希明等，2010），它们掌握着社会的重要资源，受到政府部门更多的管制，理应履行更高层次的环境责任。因此，垄断性行业企业相比竞争性行业企业在环境责任方面具有更高的履行能力和合法性压力，能够相对主动地从事企业环境治理活动，以树立起注重环境保护的企业形象。而在竞争性行业中，由于行业进入门槛较低，竞争者数量众多，市场竞争比较激烈，因此，处于竞争性行业的企业为了自身的生存发展以及获取一定的利润，往往会压缩环保设备投入、环境污染治理等经济效益见效慢的环境成本。基于上述分析，本章提出如下假设：

假设3－4：垄断性行业的企业环境治理水平要高于竞争性行业的企业。

第三节 研究设计

一、样本选择与数据来源

重污染行业企业作为生态环境的主要污染者、资源的主要消耗者，是环保部门监管、媒体以及社会公众关注的主要对象,因此,本书选取重污染行业企业作为研究对象。根据 2001 年中国证监会发布的《上市公司行业分类指引》,对 2008 年国家环境保护部发布的《上市公司环保核查行业分类管理名录》中所界定的重污染行业进行合并及重新分类,形成八类重污染行业,分别是:B—采掘业、C0—食品饮料、C1—纺织服装皮毛、C3—造纸印刷、C4—石油化学塑胶塑料、C6—金属非金属、C8—医药生物制品、D—水电煤气业。选取 2012～2018 年重污染行业的深沪上市公司作为初始研究样本,在剔除 ST 或 PT 类、样本期间行业性质由重污染行业变成非重污染行业或从非重污染行业变成重污染行业、数据缺失这三类初始样本之后,最终得到 691 家重污染行业上市公司 2012～2018 年连续七年的平衡面板数据,共计 4837 个观测值。691 家重污染行业上市公司在八大类行业的分布数量情况如表 3－1 所示。

表 3－1　　　　　　　　样本公司及观测值的行业分布数量情况

代码	行业名称	样本公司数量	2012～2018 年观测值个数
B	采掘业	47	329
C0	食品饮料	72	504
C1	纺织服装皮毛	44	308
C3	造纸印刷	30	210
C4	石油化学塑胶塑料	187	1309
C6	金属非金属	144	1008
C8	医药生物制品	112	784
D	水电煤气业	55	385
总计		691	4837

　　企业环境治理变量数据来自上市公司年报,从上市公司年报的在建工

程科目注释中，手工收集样本公司当期环保投资项目①增加额来获取表征企业环境治理变量的环境资本支出数据。企业规模、盈利能力、财务杠杆变量数据来自国泰安 CSMAR 数据库；而行业竞争属性、地域特征变量数据，本章通过分析样本公司所处行业及公司注册地手工编码获取。此外，为消除极端值的影响，本章运用 Stata15.1 软件对所有连续变量在 1% 分位数上进行 Winsorize 缩尾处理。

二、变量定义

（一）被解释变量

被解释变量为企业环境治理（Env），从已有研究企业环境治理文献中可以发现，度量企业环境治理变量的主流方法是采用企业环境资本支出（如胡珺等，2017；程博，2019；翟华云和刘亚伟，2019；赵阳等，2019；张沁琳，2019；周艳坤等，2021；蔡春等，2021）。已有文献主要是从上市公司年报的在建工程科目注释中，手工收集当期企业新增环境资本支出，然后再进一步采用期末总资产或营业收入进行标准化处理，同时还有采用企业环境资本支出的自然对数进行度量。此外，也有少数学者，如崔广慧和姜英兵（2019，2020）、迟铮（2021）、鲁建坤等（2021）对企业环境治理变量的测量，不仅包含年报的在建工程科目附注中有关环保设备投资等的环境资本支出，而且还包含管理费用科目中的绿化费用、排污费用等的费用性环保支出，即用环境资本支出与费用性环保支出二者之和来度量企业环境治理。根据帕腾（Patten，2005）的研究观点，环境资本支出是一个相对准确并能够客观反映企业环境治理的指标。同时考虑排污费用具有惩罚性质，与环境资本支出的性质不同，排污费用越高，表示企业环境污染越多，企业环境绩效越差，对应的企业环境治理水平越低（胡珺等，

---

① 环保投资项目是指污染防治、清洁生产、节能减排、回收利用等有关环境治理的工程项目，如节能减排技改、脱硫除尘改造、废污水回收利用、废气回收、污水处理工程、环保工程、绿化工程等项目。

2017）。因此，本书采用环境资本支出来度量企业环境治理。在主检验中，为控制企业规模对环境资本支出的影响，对环境资本支出基于期末总资产进行标准化处理。考虑标准化后的数值偏小，为使实证结果能够更易于观察分析，参考赵阳等（2019）、蔡春等（2021）的变量设定方法，企业环境治理变量最终采用标准化后的环境资本支出再乘以 100 进行度量。而在稳健性检验中，企业环境治理采用环境资本支出加 1 再取自然对数的度量方法。企业环境治理变量的测量计算，以新余钢铁股份有限公司为例进行相应的说明，详见后文"附录 1　企业环境治理变量测量计算示例"。

（二）解释变量

解释变量包括企业规模（$Size$）、盈利能力（Roa）、财务杠杆（Lev）以及行业竞争属性（$IndCompet$）。其中，企业规模采用期末总资产的自然对数进行度量；盈利能力选择资产报酬率来度量；财务杠杆选用资产负债率来度量。借鉴岳希明等（2010）的行业竞争属性划分方法，依据所在行业的企业个数、农民工所占比例、是否有进入和退出的限制以及产品或服务价格是否存在管制等因素，把行业竞争属性划分为垄断性行业与竞争性行业。参考岳希明等（2010）、江伟（2011）的行业竞争属性界定，把B—采掘业、C4—石油化学塑胶塑料中的"石油加工及炼焦业（C41）"、C6—金属非金属中的"黑色金属冶炼及压延加工业（C65）、有色金属冶炼及压延加工业（C67）"、D—水电煤气业归类为垄断性行业。这些垄断性行业均具有如下三个特征：第一，行业内的企业个数都很少，这是垄断性企业操纵市场价格的必要条件；第二，国有企业或者国有控股企业在这些行业中占支配地位，与我国目前行业垄断主要是行政垄断的现实相符；第三，这些行业中农民工的从业占比低。以上之外的其他行业归类为竞争性行业，即 C0—食品饮料、C1—纺织服装皮毛、C3—造纸印刷、C8—医药生物制品、C4—石油化学塑胶塑料中的"化学原料及化学制品制造业（C43）、化学纤维制造业（C47）、橡胶制造业（C48）、塑料制造业（C49）"、C6—金属非金属中的"C61—非金属矿物制品业、C69—金属制品业"。这些竞争性行业的特征是不仅企业个数多，而且农民工在行业从

业人员总数中占比高。重污染行业的行业竞争属性的类型划分界定详见
表 3 - 2 所示。

表 3 - 2　　　　重污染行业的行业竞争属性的类型划分界定

重污染行业名称	总污染行业的子行业名称	行业竞争属性
B—采掘业	B01—煤炭采选业、B03—石油和天然气开采业、B05—黑色金属矿采选业、B07—有色金属矿采选业、B09—非金属矿采选业、B49—其他矿采选业、B50—采掘服务业	垄断性行业
C0—食品饮料	C01—食品加工业、C03—食品制造业、C05—饮料制造业	竞争性行业
C1—纺织服装皮毛	C11—纺织业、C13—服装及其他纤维制品制造业、C14—皮革、毛皮、羽绒及制品制造业	竞争性行业
C3—造纸印刷	C31—造纸及纸制品业、C35—印刷业、C37—文教体育用品制造业	竞争性行业
C4—石油化学塑胶塑料	C41—石油加工及炼焦业	垄断性行业
	C43—化学原料及化学制品制造业、C47—化学纤维制造业、C48—橡胶制造业、C49—塑料制造业	竞争性行业
C6—金属非金属	C61—非金属矿物制品业、C69—金属制品业	竞争性行业
	C65—黑色金属冶炼及压延加工业、C67—有色金属冶炼及压延加工业	垄断性行业
C8—医药生物制品	C81—医药制造业、C85—生物制品业	竞争性行业
D—水电煤气业	D01—电力、蒸汽、热水的生产和供应业、D03—煤气生产和供应业、D05—自来水的生产和供应业	垄断性行业

（三）控制变量

控制变量包括区域特征（Zone）和时间因素（Year）。相对于中部、西部地区而言，东部地区的市场化程度较高、工业化的时间较长。因此，东部地区的企业对环境影响可能更大，会受到更加严格的环境监管，可能从事更多的环境治理活动。根据企业注册地址所属区域，将样本分为东部和中西部地区，其中，东部地区为：北京、天津、上海、河北、辽宁、江

苏、浙江、福建、山东、广东、海南 11 个省级行政区。区域特征（*Zone*）是一个虚拟变量，企业所在地在东部地区为 1，而在其他地区（中部或西部）为 0。另外，本章控制了时间因素（设定为时间虚拟变量）对企业环境治理可能带来的影响。变量具体定义如表 3－3 所示。

表 3－3　　　　　　　　　　　　变量定义及说明

变量类型	变量名称	变量符号	变量说明	预期符号
被解释变量	企业环境治理	*Env*	（环境资本支出增加额/期末总资产）× 100	
解释变量	企业规模	*Size*	期末总资产的自然对数	+
	盈利能力	*Roa*	资产报酬率 = 净利润/总资产平均余额	+
	财务杠杆	*Lev*	资产负债率 = 总负债/总资产	+
	行业竞争属性	*IndCompet*	企业处于垄断性行业取值为 1，而处于竞争性行业则取值为 0	+
控制变量	区域特征	*Zone*	东部地区为 1，中部或西部地区为 0	+
控制变量	时间虚拟变量	*Year*	7 个年度数据，模型中共有 6 个时间虚拟变量	?

注："＋"表示企业环境治理随该因素的增加而增加；"－"表示企业环境治理随该因素的增加而减小；"?"表示理论预期或实证结果符号不确定。

三、模型构建

根据前文的理论分析，本章构建如下模型来对前文提出的研究假设进行实证检验：

$$Env_{it} = \alpha + \beta_1 Size_{it} + \beta_2 Roa_{it} + \beta_3 Lev_{it} + \beta_4 IndCompet_{it} + \beta_5 Zone_{it}$$

$$+ \eta \sum_{y=1}^{6} Year_y + \varepsilon_{it} \qquad\qquad (3-1)$$

模型（3－1）中，*Env* 是被解释变量，即企业环境治理；下角标 i 表示第 i 家样本公司，$i = 1, 2, \cdots, N$（$N = 691$）；下角标 t 表示年份，$t = 2012, 2013, \cdots, 2018$（共 7 个年度）；*Size* 是企业规模，*Roa* 是盈利能力，*Lev* 是财务杠杆，*IndCompet* 是行业竞争属性，*Zone* 是区域特征，*Year*

是时间虚拟变量；α 表示模型的常数项；β_1 至 β_5 分别代表 4 个解释变量及控制变量（区域特征）的回归系数；η 为回归系数向量；ε_{it} 为误差项，可以进一步分解成如下两个独立的部分：

$$\varepsilon_{it} = b_i + \mu_{it} \qquad (3-2)$$

其中，μ_{it} 表示随机误差项，μ_{it} 满足古典线性回归模型的基本假定；b_i 表示公司的个体效应。对 b_i 不同的假设，将产生不同的面板数据模型估计。目前，已有研究对 b_i 的假设可以划分为三种：第一种假设是 b_i 为 0，即假设样本公司之间不可观测的个体效应不存在，相应的模型为混合 OLS（即普通最小二乘法）模型。埃瓦兹安等（Aivazian et al.，2005）指出，个体效应为零的假设过于严格，难以符合现实，因为不同行业之间甚至于同一行业内部的不同企业之间都存在较大的异质性。忽略难以观测的异质性容易产生内生性问题，使估计结果出现偏差，所以混合 OLS 模型估计通常是有偏差的（王鲁平等，2011）。第二种假设是 b_i 为常数，即假设样本公司之间的个体差异是确定的，相应的模型称为固定效应模型。第三种是假定 b_i 是随机、不确定的，即假设个体效应是一个随机变量，相应的模型称为随机效应模型。与混合 OLS 模型不同，固定效应模型和随机效应模型均能反映无法观测到的异质性（周建等，2009）。

在模型设立的基础上，需要选择恰当的回归模型估计方法。在运用面板数据进行分析时，通常可采用上述的混合 OLS 模型、固定效应模型和随机效应模型三种估计方法（Wooldridge，2002；王福胜和宋海旭，2012）。为选择出最有解释力和最合适的回归方法，就需要对面板数据进行检验。首先，采用 F 检验，考察混合 OLS 模型与固定效应模型的优劣性，若该检验的原假设被拒绝，则说明存在于行业之间和行业内部不同企业之间的不可观测的异质性是显著存在的，因此，固定效应模型比混合 OLS 模型更合适。其次，采用 BP 检验，考察混合 OLS 模型与随机效应模型的优劣性，若该检验的原假设被拒绝，则说明随机效应模型比混合 OLS 模型更合适。最后，采用 Hausman 检验，考察固定效应模型和随机效应模型的优劣性，若该检验的原假设被拒绝，则说明固定效应模型比随机效应模型更合适。

第四节 实证检验与结果分析

一、描述性统计分析

样本的描述性统计结果如表 3 – 4 所示。从表中可见，2012 ~ 2018 年企业环境治理（Env）的均值、中位数及 75% 分位数分别为 0.523、0、0.891，呈右偏分布，标准差是 0.948，最大值和最小值分别为 6.726 和 0，与赵阳等（2019）基本一致，说明整体上样本企业环境治理水平较低，且个体差异较大。企业规模（$Size$）的均值和中位数分别为 22.189 和 22.017。盈利能力（Roa）的均值为 0.041，最大值为 0.241，最小值为 −0.177，说明样本公司盈利能力的差距悬殊。财务杠杆（Lev）的均值和中位数分别为 0.431 和 0.420。行业竞争属性（$IndCompet$）的均值为 0.259，说明样本中有 25.9% 属于垄断性行业的企业，74.1% 属于竞争性行业企业，因此，来自竞争性行业的样本占多数。此外，区域特征（$Zone$）的均值为 0.569，说明来自东部的样本占 56.9%，高于西部的样本比例（43.1%）。

表 3 – 4　　　　　　　　　研究变量的描述性统计

变量	样本数	均值	标准差	P25	中位数	P75	最小值	最大值
Env	4837	0.523	0.948	0	0	0.891	0	6.726
$Size$	4837	22.189	1.250	21.352	22.017	22.933	19.576	25.892
Roa	4837	0.041	0.061	0.010	0.035	0.069	−0.177	0.241
Lev	4837	0.431	0.210	0.265	0.420	0.586	0.047	0.947
$IndCompet$	4837	0.259	0.438	0	0	1	0	1
$Zone$	4837	0.569	0.495	0	1	1	0	1

注：表中所有连续变量均经过了 1% 和 99% 的 Winsorize 缩尾处理。

二、单变量分析

采用独立样本 T 检验对解释变量及控制变量进行单变量分析，其过程大体如下：以每年每个行业的企业规模均值为分界点，高于或等于年度行业均值为企业规模大的公司，低于年度行业均值为企业规模小的公司，汇总各年度各行业的规模大的公司形成企业规模大的样本组，汇总各年度各行业的规模小的公司形成企业规模小的样本组，从而把全样本划分为企业规模大及企业规模小的两组子样本；盈利能力和财务杠杆两个变量也采取类似方法，分别形成高和低两组子样本；此外，根据行业竞争属性及区域特征，分别进行相应的样本分组。然后对各变量对应的两组子样本的企业环境治理的均值进行独立样本 T 检验，结果如表 3-5 所示。

表 3-5　　　　　　　　　　　　单变量分析

变量	分组	观测值	均值	均值之差	T 检验（T 值）
Size	企业规模大	2143	0.748	0.404	12.051 ***
	企业规模小	2694	0.344		
Roa	盈利能力高	2158	0.535	0.028	1.040
	盈利能力低	2679	0.507		
Lev	财务杠杆高	2343	0.618	0.186	6.843 ***
	财务杠杆低	2494	0.432		
IndCompet	垄断性行业	1253	0.753	0.311	8.100 ***
	竞争性行业	3584	0.442		
Zone	东部地区	2751	0.553	0.070	2.535 ***
	其他地区	2086	0.483		

注：*** 表示在1%的水平上显著，双尾检验。

从表 3-5 可见，企业规模大的样本组的企业环境治理的均值比公司规模小的样本组均值高 0.404，且两个子样本的均值差异在 1% 的水平上显著，这就初步验证了研究假设 3 - 1，即企业规模与企业环境治理正相关。同时表 3 - 5 显示财务杠杆、行业竞争属性及区域特征相应分组的企业环境治理的均值均存在显著差异性，且其结果均与理论预期一致，这就初步验证了假设 3 - 3 和假设 3 - 4，以及初步表明了东部地区的企业环境治理水平高于中西部地区的企业。此外，尽管盈利能力高的样本组的企业环境治理均值比盈利能力低的样本组高 0.028，但是统计意义上不具有显著性。因此，研究假设 3 - 3 未能获得支持。需要说明的是，上述结果只是单变量分析，具体定论尚需进一步考虑多变量分析的情况，即通过多元回归分析才能给出更为稳健的结论。

三、多变量分析

根据前文构建的模型（3 -1），以 2012 ~ 2018 年连续 7 年的 691 家重污染行业上市公司的平衡面板数据为样本进行最优模型估计方法选择的比较分析检验。首先，通过 F 检验，发现固定效应模型优于混合 OLS 模型；其次，BP 检验结果发现随机效应模型也优于混合 OLS；最后，通过 Hausman 检验，发现固定效应模型优于随机效应模型。因此，本章最终采用固定效应模型进行估计，回归结果如表 3 -6 所示。

表 3 -6　企业特征和行业竞争属性对企业环境治理影响的回归结果

变量	系数	T 值
Size	0.105***	3.004
Roa	0.242	0.825
Lev	0.354**	2.516
IndCompet	0.502**	2.493
Zone	0.752***	3.371
Constant	-2.548***	-3.211

续表

变量	系数	T 值
Year	Yes	
Within R^2/F 值	Within R^2 = 0.076	F（11，4135）= 4.09 ***
F 检验	F（690，4135）= 2.73 ***	Prob > F = 0.000
BP 检验	Chi2（1）= 553.13 ***	Prob > Chi2 = 0.000
Hausman 检验	Chi2（5）= 14.35 **	Prob > Chi2 = 0.014

注：**、*** 分别表示在 5%、1% 的水平上显著，双尾检验；N（样本数）为 4837 个。

从回归结果来看，企业规模（*Size*）、财务杠杆（*Lev*）的回归系数均为正，且分别在 1% 和 5% 的水平上显著，说明企业规模大、财务杠杆高的企业环境治理水平高，与周艳坤等（2021）的研究结论一致。而盈利能力（*Roa*）的系数虽然为正，与理论预期相符，但统计意义上与前文单变量分析的情况一样，不具有显著性，其可能原因是企业环境治理与企业绩效相互之间并不是一种简单的线性关系（Pekovic et al.，2018；陈琪，2019）。表 3 - 6 的结果显示，行业竞争属性（*IndCompet*）在 5% 的水平上与企业环境治理显著正相关，说明垄断性行业的企业环境治理水平高于竞争性行业企业。此外，区域特征（*Zone*）的回归系数在 1% 的水平上显著为正，说明相比中西部地区的企业，东部地区的企业环境治理水平更高。

无论是单变量分析还是多变量回归分析，本章都得出一致的实证研究结果，即企业规模、财务杠杆、行业竞争属性及区域特征均与企业环境治理正相关，而盈利能力与企业环境治理不存在显著的正相关关系。因此，研究假设 3 - 1、假设 3 - 3、假设 3 - 4 均获得实证结果的支持，而假设 3 - 2 未能通过实证检验。

四、稳健性检验

为了进一步验证前文结论的可靠性，更换企业环境治理测量方法，进行稳健性检验。参考胡珺等（2019）、翟华云和刘亚伟（2019）的做法，企业环境治理采用环境资本支出加 1 的自然对数进行度量，对前文构建的回归模型重新检验，结果如表 3 - 7 所示。从中可以看出，主要回归结果与前文基本一致，表明研究结论具有较高的稳定性。

表 3 - 7　　　　　　　　替换企业环境治理变量测量的稳健性检验

变量	系数	T 值
Size	1. 621 ***	5. 412
Roa	2. 005	0. 794
Lev	2. 309 *	1. 910
IndCompet	2. 406 *	1. 789
Zone	7. 354 ***	3. 836
Constant	− 35. 380 ***	− 5. 188
Year	Yes	
Within R^2/F 值	Within R^2 = 0.073	F(11，4135) = 5. 80 ***
F 检验	F(690，4135) = 3. 87 ***	Prob > F = 0. 000
BP 检验	Chi2(1) = 1208. 87 ***	Prob > Chi2 = 0. 000
Hausman 检验	Chi2(5) = 12. 69 **	Prob > Chi2 = 0. 027

　　注: * 、** 、*** 分别表示在 10% 、5% 、1% 的水平上显著; N（样本数）为 4837 个; 采用固定效应模型估计方法。

第五节　本 章 小 结

　　运用来自重污染行业的 691 家上市公司 2012 ~ 2018 年连续七年的平衡面板数据，通过单变量分析与多变量分析，实证检验了企业特征、行业竞争属性对企业环境治理的影响，从中主要得出如下三个方面的结论。

　　（1）我国重污染行业上市公司的环境治理水平总体上较低，其可能原因是目前环境规制的相关政策及法规还不够完善，企业缺乏足够的压力和动力去从事环境治理活动。

　　（2）企业规模、财务杠杆与企业环境治理显著正相关，而盈利能力与企业环境治理的关系不显著。规模大的企业为了减缓社会公众及监管部门所施加的环境合法性压力，会倾向于从事更多的环境治理活动。而财务杠杆高的企业的环境风险会受到债权人更多的关注，银行等债权人对财务杠杆高的企业贷款会考虑其潜在的环境风险高低而做出中止进一步合作或继续提供贷款的决策，进而间接促进财务杠杆高的企业提升环境治理水平。盈利能力与企业环境治理的关系不显著，其原因很大程度可能是企业环境治理与企业绩效相互之间并不是一种简单的线性关系。

（3）企业环境治理不仅会受到企业特征的影响，而且还会受到行业竞争属性的影响；垄断性行业的企业环境治理水平显著高于竞争性行业企业。垄断性行业企业拥有相对充足的资源从事环境治理活动，并且环保投入成本一般能够通过其垄断价格及规模采购原料的低价优势获得转移，以及垄断性行业企业多数为国有，受到政府部门更多的管制，其环境合法性压力更大，会从事更多的环境治理活动。而竞争性行业企业所处行业竞争非常激烈，价格战是行业竞争的常态，容易因利润微薄而疏于环保投入。因此，本章表明行业竞争属性也是影响企业环境治理的一个重要因素。

第四章

董事会特征对企业环境治理的影响

本章基于 691 家重污染行业上市公司 2012～2018 年连续七年的平衡面板数据的研究样本（共计 4837 个观测值），从微观层面的董事会特征视角，即董事会规模、董事会独立性、女性董事、董事会领导结构、董事会会议次数、董事持股比例六个方面，实证探讨企业环境治理的影响因素。

第一节　问　题　提　出

现实中不时出现的企业环境污染的违规行为，都可追究至董事会治理的无效。董事会由股东大会选举产生，并受股东大会委托管理公司事务，是股东利益的代表者，拥有企业环保投资及环境污染治理等重要事项的决策权。现代公司制度使企业的所有权和经营权分离，同时也带来了股东与管理层之间的信息不对称、逆向选择等一系列的代理问题。董事会作为公司治理的重要组成部分，是解决企业委托代理问题的一种制度安排（Hermalin and Weisbach，2003）。董事会直接对股东大会负责并报告工作，代表股东利益制定公司战略、确定政策、监督和制约管理层的决策（李维安，2020），旨在能够有效地缓解股东与管理层的代理问题（邹海亮等，2016）。如何设计和构造董事会、提高决策效率就成为董事会设置需要考虑的关键问题。企业环境治理投入在短期内可能提高了企业运营和生产成本，降低了产品成本上的竞争力。然而，企业通过创新性的环保措施，由此带来资源生产力及企业声誉的提升，也为获取长期竞争优势带来了可能

（Porter and Linde，1995）。因此，企业环境治理决策的制定可能会受董事会成员对环境治理的长期、短期利益认知与偏好的影响。

　　已有文献主要是把董事会部分特征作为公司治理的代理变量，比如，杨熠等（2011）、丛和弗里德曼（Cong and Freedman，2011）、赫塔伊等（Htay et al.，2012）、刘茂平（2013）、王霞等（2013）、布伊彦等（Bhuiyan et al.，2021）等学者的相关研究，他们研究发现，良好的公司治理有利于企业提升环境治理或环境信息披露，其研究表明公司治理是影响企业环境治理的一个重要因素。还有一些学者是把董事会部分特征（如董事长兼任总经理、独立董事比例）作为控制变量，探讨其对企业环境治理的影响（胡珺等，2017；程博，2019；翟华云和刘亚伟，2019 等）。尽管目前已有一些国内外学者对董事会特征与企业环境治理关系进行了一定的研究，但是他们的研究结论不一致，如布伊彦等（Bhuiyan et al.，2021）研究发现，独立董事规模与企业环保投资正相关，而翟华云和刘亚伟（2019）发现，独立董事比例却对企业环境治理的影响不显著。还有已有相关研究主要集中在董事会的个别或少数特征维度，显得不够全面。因此，董事会特征与企业环境治理二者关系尚待进一步探究。本章拟以重污染行业上市公司为研究对象，对董事会特征如何影响企业环境治理进行系统的、全面的实证研究，旨在对如何从我国上市公司董事会治理途径来提升企业环境治理水平，提供相应的经验证据及管理启示。

第二节　理论分析与研究假设

一、董事会规模与企业环境治理

　　资源依赖理论认为，公司董事通常是具有某一方面的专长或管理经验，随着董事会规模的增加，董事会容纳更多元化的不同技能组合的专业人才，从而董事会成员之间形成知识与能力互补，他们能够帮助企业更好地获取外部资源，同时为企业提供的建议能够有效弥补管理层在业务知识或管理经验方面的能力不足，从而有助于企业对重大投资、竞争态势和产品重新定位等作出战略决策（Pfeffer and Salancik，1978；Hillman et al.，2000）。科尔和孙达拉穆尔蒂（Kor and Sundaramurthy，2009）研究表明，董事所带来的管理经验及社会资本在企业各类资源供给中扮演着很重要的角色。董事会规模的扩大，能够使企业拥有更广泛的社会资源网络，多元化的董事能够更好地为企业的实践难题提供社会资源、专业知识及经验的帮助。

根据资源依赖理论，规模更大的董事会可能包括更有经验和互补知识的董事，他们拥有更好的专业知识来管理环境治理的难题。同时，在一个规模更大的董事会，更有可能出现有一位或一些董事比较关注生态环境保护和企业环境影响议题，他们提出的有关环境管理的话题或建议，有助于董事会讨论企业环境治理议程并作出相应的战略决策。此外，规模较大的董事会也更有可能为企业的融资渠道提供便利，使企业能够拥有更多的资金来开展业务经营以及环保投资活动。维利尔斯等（Villiers et al.，2011）、邹海亮等（2016）研究发现，董事会规模的扩大，能够有助于企业获得更好的环境绩效。据此，本章提出如下假设：

假设4-1：董事会规模与企业环境治理呈正相关关系。

二、董事会独立性与企业环境治理

独立董事制度是提高董事会独立性、保证董事会监督效率的制度安排，是解决代理问题的重要机制（李维安和许建，2014）。独立董事与企业及管理层没有直接的经济利益关系，他们代表外部中小股东及其他利益相关者，通常能够对董事会各项议案客观地发表独立意见，因此，独立董事比例越高，董事会独立性也就越大。并且独立董事对企业的战略方向和投资决策的建议往往更加注重长期发展（Bhuiyan et al.，2021）。然而，管理层通常不大情愿在见效慢的环保方面进行长远性的投资（Villiers et al.，2011）。独立董事的存在，在一定程度上可以起到约束其他董事及管理层机会主义行为的作用，促进管理层考虑企业潜在的环境事件风险，以维护股东、债权人等利益相关者的利益。麦肯德尔等（McKendall et al.，1999）认为，独立董事更有可能意识到对环境管理事务进行长期投资的潜在收益及必要性，并抵制任何忽视此类投资的管理压力。已有研究表明，独立董事也更有可能对社会需求保持敏感（Ibrahim and Angelidis，1995），并促进企业的社会责任行为（O'Neill et al.，1989）。此外，独立董事主要来自其他企业高管或学术界专家，他们具有丰富的实践经验或深厚的专业知识。如果独立董事未能尽职，其声誉将可能会受到不利影响，所以他们有动力保持立场上的独立性，监督并客观公正地评价管理层的经营决策情况，并促使管理层朝有利于企业的长远发展而做决策。比斯利（Beasley，1996）认为，董事会独立性越大，内部人操控董事会的可能性就会越小。王和德威斯特（Wang and Dewhirst，1992）认为，独立董事比例越高将会越倾向于支持企业从事环保投资，以缓解不同利益相关者群体的利益冲突。布伊彦等（Bhuiyan et al.，2021）、谢东明和王平（2021）研究发现，独立董事规模显著正向影响企业环保投资。据此，本章提出如下假设：

假设4－2：董事会独立性正向影响企业环境治理。

三、女性董事与企业环境治理

由于性别角色差异，相比男性董事，女性董事往往更加重视维护人类及后代子女的健康，对环境问题更加敏感，会表现出更强的环境保护意识（吕英等，2014）。一些学者的研究表明，女性比男性更加关注环境问题（Wehrmeyer and McNeil，2000；Diamantopoulos et al.，2003）。珀斯特等（Post et al.，2011）研究发现，女性董事有助于提升企业环境责任表现。布伊彦等（Bhuiyan et al.，2021）的实证研究结果表明，女性董事与企业环保投资水平存在正相关的关系。此外，女性董事的工作态度能够对董事会的决策过程带来一些积极影响。梅斯（Mace，1971）认为，女性董事一般不易被男性董事意见所左右，而敢于在董事会中发表异议或质疑意见，这有可能降低管理层对董事会的操纵程度，有利于提高董事会独立性。芬达斯和萨斯洛斯（Fondas and Sasslos，2000）研究发现，女性董事比男性董事更重视董事的职责，工作更尽职，履行工作职责愿意投入更多的时间和精力。休斯和索尔伯格（Huse and Solberg，2006）指出，女性董事参加董事会会议前的准备工作做得更好，能够提高董事会会议效率。因此，女性加入董事会，有助于改善董事会治理效率，进而对企业环境治理产生积极影响。女性董事对环境问题的敏感性及其工作勤勉尽职的特质有利于发挥董事会对企业环境治理的监督作用，促使管理层更重视环境保护措施。据此，本章提出如下假设：

假设4-3：董事会成员中具有女性董事的企业比没有女性董事的企业投入更多的环境治理。

四、董事会领导结构与企业环境治理

董事会领导结构指董事长与总经理是由两个人担任（两职分离）还是由同一个人担任（两职合一）。不同的董事会领导结构对企业环境治理可能会带来不同的影响。理论上，董事长需要领导董事会向股东负责，而总经理需要领导管理层向董事会负责。因此，董事长与总经理之间本应该是决策与执行、监督与被监督的关系。然而，如果两职合一，董事长与总经理成为同一个人，内部董事就会在董事会中处于主导地位，使总经理在经营决策、环境治理等方面拥有独断权，企业最终被内部人所控制，董事会的监督职能就会失去作用。博伊德（Boyd，1994）、韦斯特法尔和扎亚克（Westphal and Zajac，1994）认为，董事长与总经理两职合一会使董事会的独立性被削弱。詹森（Jensen，1993）指出，当两职合一时，董事会不能有效执行监督职能，容易导致内部控制系统失效。杨等（Yang et al.，2019）以上交所2009~2011年非金融类上市公司为样本，研究发现，在同样的情况下，如果CEO兼任董事长，过多的权利及监督的缺位，容易导致管理者出现机会主义行为倾向，使企业在环保方面的投入更少。因此，根据内部控制及委托代理理论，为防止两职合一容易出现的"道德风险"及"逆向选择"，企业应该采用两职分离的董事会领导结构，这样才可能形成有效的监督机制，并增强企业透明度，提升企业环境治理水平。据此，本章提出如下假设：

假设4-4：两职分离的董事会领导结构正向影响企业环境治理。

五、董事会会议次数与企业环境治理

董事会会议是董事会成员沟通、决策及履行监督职责的一个主要途径（杨清香等，2009）。董事会会议次数反映了董事会对管理层的监督程度，在董事会独立性程度较高的情况下，较多的董事会会议能够弥补外界对企业监督的不足，督促管理层做出有利于外部利益相关者的战略决策或行为。一般而言，较少的董事会会议不利于董事会成员之间交流，也不利于董事执行监督职能。利普顿和洛尔施（Lipton and Lorsch，1992）认为，增加董事会会议时间有助于董事会履行职责。康格等（Conger et al.，1998）认为，董事会会议次数能够反映出董事会的勤勉程度，增加董事会会议次数有利于提高董事会治理效率。伊志宏等（2011）研究表明，较高频率的董事会会议有助于董事会成员及时发现管理层的不称职行为。基于以上分析，本章认为，董事会会议次数多，说明董事积极履行职责，能够更好地监督管理层，使他们减少机会主义短期行为，从而更好地促进企业履行环境责任，从事环境治理活动。据此，本章提出如下假设：

假设4-5：董事会会议次数正向影响企业环境治理。

六、董事持股比例与企业环境治理

在当前委托代理机制以及信息不对称的情况下，具有受托责任的董事也同样存在"道德风险"及"机会主义"动机。因此，企业有必要对董事设立相应的激励制度。合理的激励机制有利于协调董事与股东之间的代理利益冲突，增强董事的受托责任感，充分发挥他们的监督职能，减少他们与管理层"合谋"的可能性（Laffont and Guessan，1999）。现代公司治理机制中存在多种董事激励机制，其中股权激励是很重要的一种激励措施。

当董事持有一定数量的股权时，能够缓解他们与股东之间的委托代理问题，他们的利益就会与企业趋于一致，从而更加关注企业长远发展。持股比例越多的董事受自身决策后果的影响越大，他们就会更好地执行监督职能，更有动力督促管理层做出正确的决策。因此，董事持股比例越多，他们就越有可能促使管理层做出有利于企业长期利益的决策，要求管理层在环境治理方面投入更多的资源，承担起更多的环境责任，以减少突发环境事件给企业及股东带来价值损失风险的可能性。据此，本章提出如下假设：

假设 4 - 6：董事持股比例正向影响企业环境治理。

第三节　研 究 设 计

一、样本选择及数据来源

选取 2012 ~ 2018 年重污染行业的深沪上市公司作为初始研究样本，然后对初始研究样本按照以下原则进行筛选：第一，剔除被 ST 或 PT 的上市公司；第二，剔除数据缺失的上市公司；第三，剔除样本期间行业性质由重污染行业变成非重污染行业或从非重污染行业变成重污染行业的样本。经过上述处理后，最终得到 691 家重污染行业上市公司 2012 ~ 2018 年连续七年的平衡面板数据，共计 4837 个观测值。

企业环境治理变量数据来自重污染行业上市公司年报，从上市公司年报的在建工程科目注释中，手工收集每年样本公司涉及节能减排、污水处理、环保工程、回收利用等的环境资本支出增加额数据来获取。董事会特征及控制变量数据来自国泰安 CSMAR 数据库。为消除异常值对样本数据回归检验的影响，对所有连续变量的 1% 和 99% 分位上进行 Winsorize 缩尾处理。

二、变量定义

（一）被解释变量

被解释变量为企业环境治理（Env），参考赵阳等（2019）、胡珺等（2019）、翟华云和刘亚伟（2019）、蔡春等（2021）的做法，选取从上市公司年报的在建工程科目注释中手工收集的环境资本支出作为代理变量，在主检验中，为控制企业规模对环境资本支出的影响，采用期末总资产对环境资本支出进行标准化处理后，再乘以 100 来度量；而在稳健性检验中，企业环境治理采用环境资本支出加 1 的自然对数的度量方法。

（二）解释变量

解释变量为董事会特征，参考邹海亮等（2016）、安德瑞卡特等（Endrikat et al.，2021）的相关研究，本章选取董事会规模（$Bsize$）、董事会独立性（$Independence$）、女性董事（$Female$）、董事会领导结构（$Dual$）、董事会会议次数（$Bmeet$）、董事持股比例（Shd）作为董事会的六个特征代理变量。其中，董事会规模以年末董事会在职成员的总人数来表示；董事会独立性采用独立董事比例测量，即独立董事在董事会总人数中所占比例；女性董事采用虚拟变量，若董事会存在女性董事时，取值为 1，否则为 0；董事会领导结构用虚拟变量表示，当董事长与总经理两职分离时，取值为 1，否则为 0；董事会会议次数采用年内所召开的董事会会议次数测量；董事持股比例用董事会成员持股总数占企业总股数的比例测量。

（三）控制变量

为了更好地检验董事会特征对企业环境治理的影响，在参考维利尔斯等（Villiers et al.，2011）、崔广慧和姜英兵（2020）、布伊彦等（2021）相关研究的基础上，本章选取企业规模（$Size$）、盈利能力（Roa）、财务杠杆（Lev）及最终控制人性质（Ucs）这四个可能影响企业环境治理的企业特征变量作为控制变量。此外，本章还引入行业和年度两个虚拟变量以控制行业和年度效应的影响。变量的具体定义及理论预期符号如表 4 – 1 所示。

表 4 – 1   变量选取与定义

变量类型	变量名称	变量符号	变量定义	预期符号
解释变量	董事会规模	Bsize	董事会成员的总人数	+
	董事会独立性	Independence	独立董事人数/董事会总人数	+
	女性董事	Female	虚拟变量，当董事会存在女性董事时，取值为 1，否则为 0	+
	董事会领导结构	Dual	董事长与总经理两职分离时，取值为 1，两职合一则为 0	+
	董事会会议次数	Bmeet	年度董事会会议次数	+
	董事持股比例	Shd	董事会成员持股数/总股数	+
控制变量	企业规模	Size	期末总资产的自然对数	+
	盈利能力	Roa	净利润/总资产平均余额	+
	财务杠杆	Lev	期末总负债/期末总资产	+
	最终控制人性质	Ucs	虚拟变量，最终控制人为国有时，Ucs 为 1，否则为 0	+
	行业虚拟变量	Ind	8 个重污染行业，模型中设置 7 个行业虚拟变量	?
	年度虚拟变量	Year	7 个年度，模型中设置 6 个时间虚拟变量	?

注："+"表示企业环境治理随该因素的增加而增加；"–"表示企业环境治理随该因素的增加而减小；"?"表示理论预期或实证结果符号不确定。

三、模型构建

根据前文的理论分析，本章构建如下模型来对前文提出的研究假设进行实证检验：

$$Env_{it} = \alpha + \beta_1 Bsize_{it} + \beta_2 Independence_{it} + \beta_3 Female_{it} + \beta_4 Dual_{it}$$

$$+ \beta_5 Bmeet_{it} + \beta_6 Shd_{it} + \beta_7 Size_{it} + \beta_8 Roa_{it} + \beta_9 Lev_{it} + \beta_{10} Ucs_{it}$$

$$+ \lambda \sum_{k=1}^{7} Ind_k + \eta \sum_{y=1}^{6} Year_y + \varepsilon_{it} \tag{4-1}$$

模型（4-1）中，$i = 1, 2, \cdots, N (N = 691)$；$t = 2012, 2012, \cdots,$ 2018（共 7 个年度）；Env 为企业环境治理，$Bsize$ 为董事会规模，$Independence$ 为董事会独立性，$Female$ 为女性董事，$Dual$ 为董事会领导结构，$Bmeet$ 为董事会会议次数，Shd 为董事持股比例，$Size$ 为企业规模，Roa 为盈利能力，Lev 为财务杠杆，Ucs 为最终控制人性质；α 为截距项；β_1，β_2，$\cdots$，β_{10} 为变量回归系数；λ 和 η 为回归系数向量；ε_{it} 为误差项，包括不可观测的个体效应和纯粹的随机误差项两个部分。

第四节　实证检验与结果分析

一、描述性统计分析

表 4-2 列出了研究样本的描述性统计结果。从表 4-2 可以看出，来自重污染行业的企业环境治理（Env）的均值为 0.523，中位数为 0，其最小值和最大值分别为 0 和 6.726，反映了我国重污染行业上市公司的环境治理水平较低，且企业之间的差异比较大。董事会规模（$Bsize$）的均值为 8.860，中位数为 9。董事会独立性（$Independence$）的均值为 0.371，最小值和中位数均为 0.333，说明我国重污染行业上市公司的独立董事比例均符合证监会有关独立董事在董事会总人数中要达到 1/3 的最低要求，刚好符合最低要求比例的企业占半数以上。董事会存在女性董事（$Female$）的样本公司占比为 71.1%，说明具有女性董事的样本公司居多数。董事会领导结构（$Dual$）的均值为 0.790，说明董事长与总经理两职分离的样本比例占到 79%。因此，大多数重污染行业上市公司采用两职分离的董事会领

导结构。董事会会议次数（*Bmeet*）的均值和中位数为 9.319 和 9，标准差为 3.482，表明董事会会议次数差异很大，一年内董事会会议次数最多的达到 21 次，最少才 4 次。董事持股比例（*Shd*）的均值为 0.086，中位数为 0.00007，说明多数重污染行业上市公司的董事持股比例较低。企业规模（*Size*）、盈利能力（*Roa*）、财务杠杆（*Lev*）的均值分别为 22.189、0.041、0.431。最终控制人性质（*Ucs*）的均值为 0.484，说明接近一半的样本公司为国有控股企业。

表 4 - 2 研究变量描述性统计结果

变量	样本数	均值	标准差	P25	中位数	P75	最小值	最大值
Env	4837	0.523	0.948	0	0	0.891	0	6.726
Bsize	4837	8.860	1.736	8	9	9	5	15
Independence	4837	0.371	0.051	0.333	0.333	0.417	0.333	0.571
Female	4837	0.711	0.453	0	1	1	0	1
Dual	4837	0.790	0.408	1	1	1	0	1
Bmeet	4837	9.319	3.482	7	9	11	4	21
Shd	4837	0.086	0.165	0	0.00007	0.059	0	0.637
Size	4837	22.189	1.250	21.352	22.017	22.933	19.576	25.892
Roa	4837	0.041	0.061	0.010	0.035	0.069	− 0.177	0.241
Lev	4837	0.431	0.210	0.265	0.420	0.586	0.047	0.947
Ucs	4837	0.484	0.499	0	0	1	0	1

注：表中所有连续变量均经过了 1% 和 99% 的 Winsorize 缩尾处理。

二、相关性分析

本章研究变量的 Pearson 相关系数矩阵结果如表 4 - 3 所示。表 4 - 3 显示，董事会规模（*Bsize*）、董事会独立性（*Independence*）、女性董事（*Female*）、董事会领导结构（*Dual*）、董事持股比例（*Shd*）与企业环境治理（*Env*）均显著正相关，与预期假设方向一致。而董事会会议次数（*Bmeet*）

表 4 - 3　研究变量的相关系数矩阵

变量	Env	Bsize	Independence	Female	Dual	Bmeet	Shd	Size	Roa	Lev	Ucs
Env	1										
Bsize	0.101***	1									
Independence	0.010**	-0.430***	1								
Female	0.009**	0.003	-0.039***	1							
Dual	0.085***	0.168***	-0.115***	-0.013	1						
Bmeet	0.012	-0.044***	0.043***	-0.005	-0.028**	1					
Shd	0.043***	-0.183***	0.058	0.071***	-0.215***	0.031**	1				
Size	0.215***	0.288***	0.013	-0.081***	0.147***	0.146***	-0.244***	1			
Roa	0.001	-0.003	-0.007	0.039***	-0.035**	-0.054***	0.126***	0.025*	1		
Lev	0.104***	0.173***	-0.027*	-0.038***	0.096***	0.166***	-0.294***	0.345***	-0.418***	1	
Ucs	0.139***	0.267***	-0.046***	-0.109***	0.285***	-0.071***	-0.476***	0.316***	-0.152***	0.318***	1

注：*、**、*** 分别表示在 10%、5%、1% 的水平上显著。

与企业环境治理（Env）的相关性系数为正，但不显著。除盈利能力（Roa）外，企业规模（Size）等其他几个控制变量与企业环境治理均显著正相关。此外，研究变量之间的相关性系数均比较小，其绝对值低于 0.5，说明不存在严重的多重共线性的问题。

三、回归结果分析

根据前文构建的模型（4-1），以 2012～2018 年连续七年 691 家重污染行业上市公司的平衡面板数据为样本进行最优模型估计方法选择，通过 F 检验、BP 检验、Hausman 检验，发现适合采用固定效应模型。固定效应模型回归结果如表 4-4 所示。

表 4-4　　　　　　董事会特征对企业环境治理的影响回归结果

变量	系数	T 值
Bsize	0.042 **	2.445
Independence	0.853 *	1.923
Female	0.101 **	2.483
Dual	0.133 ***	2.729
Bmeet	0.004	0.811
Shd	0.756 ***	3.663
Size	0.100 ***	2.849
Roa	0.150	0.511
Lev	0.259 *	1.831
Ucs	0.350 ***	3.752
Constant	-2.969 ***	-3.578
Year/Ind	Yes	
Within R^2/F 值	Within R^2 = 0.117	$F_{(16, 4130)}$ = 4.59 ***
F 检验	$F_{(690, 4135)}$ = 2.74 ***	Prob > F = 0.000
BP 检验	Chi2(1) = 511.93 ***	Prob > Chi2 = 0.000
Hausman 检验	Chi2(10) = 21.07 **	Prob > Chi2 = 0.021

注：*、**、*** 分别表示在 10%、5%、1% 的水平上显著；N（样本数）为 4837 个。

从表 4-4 可以看出，董事会规模（*Bsize*）的回归系数在 5% 的水平上显著为正，说明董事会规模正向影响企业环境治理，假设 4-1 得到验证。董事会独立性（*Independence*）的回归系数在 10% 的水平上显著为正，表明董事会独立性正向影响企业环境治理，假设 4-2 得到验证。女性董事（*Female*）的回归系数在 5% 的水平上显著为正，表明女性董事能够显著促进企业提升环境治理水平，假设 4-3 得到验证。董事会领导结构（*Dual*）的回归系数在 1% 的水平上显著为正，说明董事长与总经理两职分离能够正向影响企业环境治理水平，假设 4-4 得到验证。董事会会议次数（*Bmeet*）的回归系数不显著，这可能与董事会决策机制不完善有关，尽管频繁的董事会会议能够反映董事的勤勉程度，但同时也可能是董事会的决策过程，经常产生不同意见及争论，为此协调而耗费大量时间，从而导致董事会会议次数增多，因此，董事会会议次数的多少对企业环境治理并没有影响，假设 4-5 未能通过验证。董事持股比例（*Shd*）的回归系数在 1% 的水平上显著为正，说明董事持股比例有助于提升企业环境治理水平，假设 4-6 得到验证。

此外，在各控制变量对企业环境治理水平的影响中，企业规模（*Size*）、财务杠杆（*Lev*）、最终控制人性质（*Ucs*）与企业环境治理显著正相关，而盈利能力（*Roa*）与企业环境治理的关系不显著。

四、稳健性检验

为了进一步验证前文结论的可靠性，参考胡珺等（2019）、翟华云和刘亚伟（2019）的做法，企业环境治理采用环境资本支出加 1 的自然对数进行度量，对前文构建的回归模型重新检验，回归结果如表 4-5 所示。从中可以看出，主要回归结果并未发生实质变化，表明研究结论具有较高的稳健性。

表 4 – 5 替换企业环境治理变量测量的稳健性检验

变量	系数	T 值
Bsize	0.080 *	1.737
Independence	4.744 *	1.801
Female	0.928 ***	2.660
Dual	0.545 **	2.163
Bmeet	0.118	1.015
Shd	5.204 ***	2.931
Size	1.534 ***	5.080
Roa	1.411	0.558
Lev	1.699	1.399
Ucs	3.249 ***	4.052
Constant	– 14.948 ***	– 4.896
Year/Ind	Yes	
Within R^2/F 值	Within R^2 = 0.089	$F_{(16, 4130)}$ = 5.33 ***
F 检验	$F_{(690, 4135)}$ = 3.92 ***	Prob > F = 0.000
BP 检验	$Chi2_{(1)}$ = 1205.44 ***	Prob > Chi2 = 0.000
Hausman 检验	$Chi2_{(10)}$ = 17.43 *	Prob > Chi2 = 0.086

注：* 、** 、*** 分别表示在 10%、5%、1% 的水平上显著；N（样本数）为 4837 个；采用固定效应模型估计方法。

第五节　本　章　小　结

本章以 2012 ~ 2018 年我国重污染行业连续七年的深沪上市公司为样本，实证分析董事会特征对企业环境治理的影响。研究结果表明：（1）董事会规模与企业环境治理显著正相关，说明董事会规模越大，企业环境治理水平越高；（2）董事会独立性、女性董事、董事长与总经理两职分离、董事持股比例能够显著促进企业提升环境治理水平；（3）董事会会议次数与企业环境治理二者不存在显著的关系，说明增加董事会会议次数，并不能改善企业环境治理水平。

　　根据以上研究结论，本章的管理启示主要有以下四个方面：首先，增加董事会规模有利于企业实现人才多元化，更好地获取外部资源，促进企业重视经营活动对生态环境的影响及环境污染的治理；其次，企业应健全董事会的独立董事制度，加强董事会的独立性建设，增加独立董事的人数，并引入女性董事，从而能够提高董事会的治理效率；再次，董事长与总经理应该两职分离，以有利于建立制衡及监督机制，优化董事会领导结构；最后，企业应改革董事的激励制度，将薪酬制度与股权激励制度相结合，适当推广股权激励制度，促使董事关注企业的长远发展，从而更好地督促企业履行环境责任，从事更多的环境治理活动。

第五章

终极所有权结构对企业
环境治理的影响

本章以 676 家重污染行业上市公司 2012～2018 年连续七年的平衡面板数据为研究样本（共计 4732 个观测值），从微观层面的终极所有权结构角度，即现金流量权、两权分离度、终极控制股东的类型三个方面，实证探讨企业环境治理的影响因素。

第一节 问题提出

国内外学者的相关研究表明，公司治理是影响企业环境治理的重要因素（杨熠等，2011；Cong and Freedman，2011；Htay et al.，2012；Walls et al.，2012；刘茂平，2013）。而股权结构作为公司治理的重要组成部分，吸引了许多学者探究股权结构与企业环境治理相关主题的研究。在已有文献中，比较多的学者是探讨股权结构对环境信息披露的影响（Cormier et al.，2005；Brammer and Pavelin，2006；杨熠等，2011；黄珺和周春娜，2012）。而在涉及企业环境治理主题的研究中，唐国平和李龙会（2013）从股权结构（股权制衡度、管理层持股比例），结合产权性质探讨了企业环保投资行为的特性。其他多数学者们主要把股权结构（如前五大股东持股比例、股权集中度或第一大股东持股等）作为影响企业环境治理的控制变量来处理（崔广慧和姜英兵，2020；陈晓艳等，2021；鲁建坤等，2021）。

　　上述研究具有一个共同特点，就是其股权结构研究主要集中于上市公司的直接控股股东，而很少把研究视野拓展至终极控制股东。然而，拉波塔等（La Porta et al.，1999）、克莱森斯等（Claessens et al.，2000）、法西奥和兰格（Faccio and Lang，2002）、加德胡姆等（Gadhoum et al.，2006）研究发现，大多数国家上市公司的股权通常集中在终极控制股东手中，并且终极控制股东能够在很大程度上影响上市公司的决策和行为。即使大众持股的美国上市公司也存在终极控制股东现象（Anderson and Reeb，2003）。拉波塔等（1999）以现金流量权度量终极所有权，以投票权度量控制权，沿着金字塔层级链条，通过层层追溯企业金字塔层级股权控制链的方法来鉴别终极控制股东，以此刻画企业的终极所有权结构，这一研究方法开创了一个新的研究范式，对后来研究股权结构的学者产生深远的影响。肖作平（2010）的研究表明，中国上市公司的股权高度集中，大部分上市公司被终极控制股东控制，并且现金流量权与控制权的两权分离现象比较普遍。此外，由于我国的中小股东法律保护不健全，以及终极控制股东一般能够通过人事安排选定高管以实现其控制权，企业高管通常体现出终极控制股东的利益（王艳艳和于李胜，2011）。因此，在我国上市公司的所有权集中、现金流量权与控制权两权分离普遍存在的情况下，终极控股股东与中小股东之间的代理冲突问题的严重性将会大于股东与管理层之间的代理冲突（肖作平，2010；曾春华等，2013）。终极控股股东与中小股东之间的利益冲突也就成为我国当前上市公司股权结构所容易出现的主要代理问题。

　　然而，先前基于股权结构视角的相关研究主要是从如何解决股东与管理层之间的委托代理问题来改善企业环境治理水平，而很少从终极所有权结构这个角度来探讨股权结构对企业环境治理的影响，没有追溯终极控制股东，也就没有找准企业主要代理问题的根源，可能无法真正厘清股权结构与企业环境治理之间的关系。那么，终极控制股东的现金流量权、现金流量权和控制权的分离度以及终极控制股东的类型是如何影响企业环境治理水平呢？这些问题有待理论分析与实证检验。

第二节　理论分析与研究假设

一、现金流量权与企业环境治理

当终极控制股东拥有的现金流量权增多时，终极控制股东对企业价值最大化的意愿能够随之增强（La Porta et al.，1999），并减少掠夺中小股东利益的行为倾向（Shleifer and Vishny，1997）。克莱森斯等（Claessens et al.，2002）以来自东亚 8 个国家的 1301 家上市公司为样本研究发现，现金流量权具有正向的激励效应（incentive effect），企业价值随现金流量权的增加而增加。在现金流量权正向激励效应的作用下，能够产生终极控制股东与企业的利益协同效应，现金流量权越多，终极控制股东与企业整体目标的一致程度就会越高。拥有大量现金流量权的终极控制股东，具有强烈的动机把企业运营好，同时基于企业价值最大化的考虑，就会高度关注企业的长远发展问题，从而在经营过程中不仅会主动考虑中小股东、债权人等的显性契约的利益诉求，而且也会考虑公众、社区等利益相关者基于隐形契约的合理利益诉求（Donaldson and Dunfee，1994）。这样，随着现金流量权的增加，终极控制股东就可能做出更加符合企业及中小股东等外部利益相关者利益的经营决策，减少以企业及中小股东等利益损失为代价来谋取私利的短期投机行为，愿意在环境保护方面投入更多的资源，承担起更多的环境责任，以减少发生环境事故给企业及中小股东带来价值损失风险的可能性。

此外，根据信号传递理论，为了减少关注企业环保表现的外部利益相关者与企业之间的信息不对称问题，同时也为了避免被市场误解为"柠檬"，拥有较多现金流量权的终极控制股东会要求企业主动对外披露环境信息，让外部利益相关者能够及时知悉企业积极从事环境治理的情况，以便与其他环境责任表现差的企业有效区别开，从而为企业创造出更好的经营环境，并从中获得竞争优势。因此，随着现金流量权的增加，终极控制股东与中小股东之间的代理问题能够随之减少。别布丘克等（Bebchuk et al.，2000）的研究证实了终极控制股东与中小股东之间的代理冲突随现金流量权的增加而减少。基于以上分析，本章认为，现金流量权越多，终极控制股东与中小股东的代理成本越小，终极控制股东与企业长远发展目标的一致性程度越高，从而能够承担起更多的环境责任，从事更多的环境治理活动。据此，提出如下假设：

假设 5 - 1：终极控制股东的现金流量权与企业环境治理正相关。

二、两权分离度与企业环境治理

终极控制股东的现金流量权与控制权的两权分离（以下简称"两权分离"）是公司治理的核心问题之一，其两权分离程度也是反映终极控制股东侵占中小股东利益程度的一个重要指标。终极控制股东通常采用金字塔股权结构、交叉持股或双重股权结构等方式（Bebchuk et al.，2000），获取高于现金流量权的控制权来控制上市公司，导致现金流量权与控制权出现分离的现象，并通过"隧道"（tunnelling）掠夺中小股东的利益。列举一个终极控制股东通过金字塔股权结构掠夺中小股东利益的简单例子。一个终极控制股东拥有 A 公司 60% 的股份，A 公司拥有 B 公司 40% 的股份，B 公司拥有 C 公司 30% 的股份，那么终极控制股东对 C 公司的现金流量权（所有权）为 7.2%（即 60% × 40% × 30%），通过对 A 公司和 B 公司的控制，终极控制股东对 C 公司的控制权为 30%，即 Min（60%，40%，30%），30% 的控制权通常已能够对 C 公司实施有效的控制。此时，终极控制股东对 C 公司的控制权大于现金流量权，二者之间发生了分离。终极控制股东通过指示 C 公司向外部投资者增发新股募集资金，然后通过"隧道"将这些资金转移到他的手中，进而实现对中小股东利益的掠夺（肖作平和廖理，2012）。同时，通过指示 C 公司和 A 公司进行关联交易或资产置换等行为，终极控制股东就可从 C 公司的中小股东手中掠夺 92.8%（即 100% - 7.2%）的溢价。

克莱森斯等（2002）研究发现，现金流量权对终极控制股东具有正向的激励效应，而控制权则刚好相反，具有负向的壕沟效应（entrenchment effect），当控制权大于现金流量权（即两权分离）时，控制权的壕沟效应就会抵消现金流量权的激励效应并占主导支配作用，从而使终极控制股东容易出现掠夺中小股东利益的行为。在两权分离的情况下，终极控制股东所控制的资本高于其自身投入的资金，相对大的控制权意味着终极控制股东能够掌控企业超额的资金，具有从中获取各种私人利益的机会及能力，而相对少的现金流量权，意味着终极控制股东在企业无法正常运转或破产倒闭时仅损失较少的现金流（Du and Dai，2005）。由于终极控制股东利用其超额控制权来实现企业资产转移，侵占企业资源，获取全部收益，只需承担其持有股份相对应较少的损失成本（Fan and Wong，2002），所以终极控制股东具有强烈的动机通过自我交易、给内部人的管理者支付高额薪酬，甚至直接"掏空"企业的资源等"隧道"行为来掠夺中小股东利益（Johnson et al.，2000；Dyck and Zingales，2004）。此外，为了避免私有收益被发现，终极控股股东通常会采用操纵会计盈余报告手法来掩盖其控制权私有收益及非企业价值最大化的决策（Sanjaya，2011）。

由于生态环境本身所具有的公共物品属性，企业环境污染行为具有明显的负外部性特点，企业为其污染环境所需承担的成本远低于社会所承受的成本。而企业投资巨额资金于环保设施、环境治理所可能产生的潜在收益却比较缓慢，需要企业持续地投入环保治理才有可能降低信息不对称及环境诉讼风险（张国清等，2020），逐渐形成绿色创新能力（Ramanathan，2018），从而在比较远的未来提升企业声誉，并带来能源成本节约等有助于提高企业价值的经济效应。蔡和何（Cai and He，2014）研究发现，企业当年的环境责任直到第四～第七年，才能在股票收益方面给企业带来超额回报。张国清等（2020）研究发现，企业环境治理过程和结果均与企业绩效呈"U"型关系，间接表明长期的环境治理才能帮助企业获取竞争优势。然而，大量的研究表明，两权分离的程度越大，终极控制股东以牺牲企业长远发展的代价换取短期利益的动机越强（Claessens et al.，2002；Zeng et al.，2012）。因此，两权分离使终极控制股东具有很强的短期逐利及机会主义行为动机，在很大程度上会通过其控制权主动干涉企业环境治理政策的制定及实施，倾向于选择企业环境污染外部化而非开展需要占用大量资金的环境治理，以便有更多的资金增加其在职消费的机会及开展其他私人收益活动。别布丘克等（Bebchuk et al.，2000）研究发现，两权分离程度越大，终极控制股东越有动力及能力去掠夺中小股东的利益，终极控制股东与中小股东之间的代理冲突问题也就变得越严重。基于上述分析，本章认为，两权分离程度越大，终极控制股东与中小股东的代理成本越高，企业越不愿意从事环境治理活动。因此，本章提出如下假设：

假设5-2：现金流量权与控制权的两权分离度与企业环境治理负相关。

三、终极控制股东的类型与企业环境治理

来源于政治经济学的合法性理论是企业环境治理领域研究的一个很重要的理论依据（Cormier and Magnan，2013），环境合法性常被用于解释企业环境治理及其信息披露的行为动因（Brown and Deegan，1998；Cho and Patten，2007；沈洪涛和冯杰，2012；程博等，2018）。班萨尔和克莱兰德（Bansal and Clelland，2004）认为，环境合法性指社会公众对企业的环境绩效表现是令人满意的、适当或恰当的整体认知及评价。终极控制股东类型不同的上市公司可能面临着不同程度的环境合法性压力。

相对于民营等非国有上市公司，国有控股的上市公司显然会面临着更大的环境合法性压力。首先，由于我国上市公司云集着众多国有大中型企业，它们是国民经济的支柱，对国民经济发展发挥着重要作用，社会公众非常关注这些国有企业的社会责任形象，对其环境责任表现具有很高的期望。其次，政府在环境污染治理与环境保护方面一直起到管制和引导的作用，受到政府直接监管的国有上市公司自然需要承担更多的环境责任。最后，国有控股的上市公司享受国家政府更多的资金及政策支持，理应积极响应政府监管部门有关环境保护或社会责任的政策及法规要求。近年来，政府监管部门陆续出台了一些有关环境保护的法规及政策，其中有些规范性文件专门指向国有企业，如2007年12月，国资委发布了《关于中央企

业履行社会责任的指导意见》，其中对资源节约和环境保护有相应的责任要求。2010 年 3 月，国资委发布了《中央企业节能减排监督管理暂行办法》，要求中央企业制订节能减排专项规划，落实节能减排责任。2014 年 11 月，国资委和环境保护部联合印发了《关于进一步加强中央企业节能减排工作的通知》，要求中央企业严格落实环境政策，全面调整能源结构，加快建设治污设施，切实发挥表率作用。2021 年 1 月，国资委修订了《中央企业能源节约与生态环境保护监督管理办法（征求意见稿）》，在文件中明确了中央企业的能源利用应以节约与生态环境保护为主要工作内容，并要求中央企业遵循坚持绿色发展、坚持保护优先、坚持依法合规、坚持企业责任主体这四项原则来开展经营活动。因此，在政府监管部门的规范性文件以及社会公众高度关注等形成的更大环境合法性压力的作用下，终极控制股东是国有上市公司通常比非国有上市公司具有更高的环保意识，更愿意把资源用于环境保护，其环境责任表现也就有可能更好。

同时，为了缓解外界施加的环境合法性压力，国有控股的上市公司通常会选择主动披露环境信息，以改善内外部之间的信息不对称问题，影响社会公众等外部利益相关者对企业环境责任表现的认知，树立起积极保护环境的良好企业公民形象。唐国平和李龙会（2013）研究发现，国有企业比民营企业在环保方面投入更多的资金。基于以上分析，本章认为，终极控制股东为国有的上市公司，具有更高的环境治理水平。据此，提出如下假设：

假设 5-3：终极控制股东为国有的上市公司，其环境治理水平高于终极控制股东为非国有的上市公司。

第三节　研　究　设　计

一、样本选择及数据来源

本章选取 2012～2018 年重污染行业的深沪上市公司作为初始研究样

本，并进行了如下样本筛选过程：（1）剔除被 ST 或 PT 的上市公司；（2）剔除数据缺失的上市公司；（3）剔除控制权低于 10% 阈值的样本公司；（4）剔除无终极控制股东的样本公司；（5）剔除样本期间行业性质由重污染行业变成非重污染行业或从非重污染行业变成重污染行业的样本。最终获得 676 家重污染行业上市公司 2012~2018 年连续七年的平衡面板数据，共计 4732 个观测值。

企业环境治理变量数据来自重污染行业上市公司年报，从上市公司年报的在建工程科目注释中，手工收集每年样本公司涉及节能减排、污水处理、环保工程、回收利用等的环境资本支出增加额数据。解释变量及控制变量数据来自国泰安 CSMAR 数据库。为消除异常值对样本数据回归检验的影响，对所有连续变量首尾 1% 的值进行 Winsorize 缩尾处理。

二、变量定义

（一）被解释变量

被解释变量为企业环境治理（Env），参考赵阳等（2019）、胡珺等（2019）、翟华云和刘亚伟（2019）、蔡春等（2021）的做法，选取从上市公司年报的在建工程科目注释中手工收集的环境资本支出作为代理变量，在主检验中，为控制企业规模对环境资本支出的影响，采用期末总资产对环境资本支出进行标准化处理后，再乘以 100 来度量；而在稳健性检验中，企业环境治理采用环境资本支出加 1 的自然对数度量方法。

（二）解释变量

本章的解释变量包括现金流量权（Cfr）、两权分离度（Sep）以及终极控制股东的类型（Ucs）①。参考拉波塔等（1999）、克莱森斯等（2000）的国际主流文献对现金流量权和控制权的计算方法，现金流量权等于终极

---

① "终极控制股东的类型"变量与第四章的"最终控制人性质"变量，二者采用相同的度量方式。

控制股东所持有的各条控制链条上的持股比例乘积之和，控制权等于终极控制股东所持有各条控制链条上的持股比例最小值之和。两权分离度采用克莱森斯等（2000）的方法进行度量，即控制权减去现金流量权，二者差值越大，说明现金流量权与控制权的两权分离程度越高。同时，为了辨别终极控制股东的控制权是否有效控制中间及最终环节，需要对控制权预先设定一个阈值，若控制权超过阈值，则表明终极控制股东有效控制了控制链上的公司以及最终的公司。拉波塔等（1999）、克莱森斯等（2000）的研究均分别采用了10%和20%的控制权阈值，而国内文献通常选定10%为控制权阈值，本章首先采用10%的阈值进行回归分析，然后在稳健性检验里采用20%的阈值。此外，本章采用虚拟变量度量终极控制股东的类型，终极控制股东是国有的上市公司，取值为1，否则为0。解释变量的界定及测量计算，以江苏三房巷实业股份有限公司为例进行相应的说明，详见"附录2终极所有权结构代理变量测量计算示例"。

（三）控制变量

参考瓦尔斯等（Walls et al., 2012）、周晖和邓舒（2017）、胡珺等（2019）、赵阳等（2019）的相关研究，本章控制了公司规模（$Size$）、盈利能力（Roa）、财务杠杆（Lev）、企业成长性（$Grow$）这些可能影响企业环境治理的变量。同时，本章还引入行业（Ind）和时间（$Year$）两个虚拟变量来控制时间和行业对企业环境治理可能带来的影响。变量的具体定义如表5-1所示。

表5-1　　　　　　　　　　变量定义及说明

变量类型	变量名称	变量符号	变量说明
被解释变量	企业环境治理	Env	（环境资本支出增加额/期末总资产）×100
解释变量	现金流量权	Cfr	每条控制链上持股比例之和
	两权分离度	Sep	控制权-现金流量权；数值越大，现金流量权与控制权的两权分离程度越高
	终极控制股东的类型	Ucs	当终极控制股东为国有时，Ucs为1，否则为0

续表

变量类型	变量名称	变量符号	变量说明
控制变量	企业规模	Size	期末总资产的自然对数
	盈利能力	Roa	净利润/总资产平均余额
	财务杠杆	Lev	期末总负债/期末总资产
	企业成长性	Grow	营业收入增长率 = (当年营业收入 - 上年营业增长收入)/上年营业收入
	行业虚拟变量	Ind	重污染行业共有8个行业，模型中共有7个行业虚拟变量
	时间虚拟变量	Year	7个年度数据，模型中共有6个时间虚拟变量

三、模型设定

根据前文理论分析，现金流量权、两权分离度、终极控制股东的类型三个终极所有权结构代理变量会影响企业环境治理。为了详细检验终极所有权结构对企业环境治理的影响，本章分两大步骤进行。首先，把终极所有权结构的代理变量分别逐一放入回归模型，然后再把终极所有权结构的三个代理变量同时放入回归模型，最终构建出如下四个回归模型：

$$Env_{it} = \alpha + \beta_1 Cfr_{it} + \beta_2 Size_{it} + \beta_3 Roa_{it} + \beta_4 Lev_{it} + \beta_5 Grow_{it}$$
$$+ \lambda \sum_{k=1}^{7} Ind_k + \eta \sum_{y=1}^{6} Year_y + \varepsilon_{it} \qquad (5-1)$$

$$Env_{it} = \alpha + \beta_1 Sep_{it} + \beta_2 Size_{it} + \beta_3 Roa_{it} + \beta_4 Lev_{it} + \beta_5 Grow_{it}$$
$$+ \lambda \sum_{k=1}^{7} Ind_k + \eta \sum_{y=1}^{6} Year_y + \varepsilon_{it} \qquad (5-2)$$

$$Env_{it} = \alpha + \beta_1 Ucs_{it} + \beta_2 Size_{it} + \beta_3 Roa_{it} + \beta_4 Lev_{it} + \beta_5 Grow_{it}$$
$$+ \lambda \sum_{k=1}^{7} Ind_k + \eta \sum_{y=1}^{6} Year_y + \varepsilon_{it} \qquad (5-3)$$

$$Env_{it} = \alpha + \beta_1 Cfr_{it} + \beta_2 Sep_{it} + \beta_3 Ucs_{it} + \beta_4 Size_{it} + \beta_5 Roa_{it} + \beta_6 Lev_{it}$$
$$+ \beta_7 Grow_{it} + \lambda \sum_{k=1}^{7} Ind_k + \eta \sum_{y=1}^{6} Year_y + \varepsilon_{it} \qquad (5-4)$$

在模型 (5-1)、模型 (5-2)、模型 (5-3)、模型 (5-4) 中，

$i = 1$，2，$\cdots$，$N(N = 676)$；$t = 2012$，2012，$\cdots$，2018（共 7 个年度）；Env 为企业环境治理，Cfr 为现金流量权，Sep 为现金流量权和控制权的两权分离度，Ucs 为终极控制股东的类型，$Size$ 为企业规模，Roa 为盈利能力，Lev 为财务杠杆，$Grow$ 为企业成长性，Ind 和 $Year$ 分别为行业及时间虚拟变量；α 为截距项；β_1，β_2，$\cdots$，β_7 为变量回归系数；λ 和 η 为回归系数向量；ε_{it} 为误差项，包括不可观测的个体效应和纯粹的随机误差项两个部分。

第四节　实证检验与结果分析

一、描述性统计分析

本章研究变量的描述性统计结果如表 5 - 2 所示，从表 5 - 2 中可以看出，企业环境治理（Env）的均值、中位数及 75% 分位数分别为 0.537、0和 0.905，呈右偏分布，标准差是 1.007，最大值和最小值分别为 6.935 和 0，说明样本企业环境治理水平的个体差异较大。现金流量权（Cfr）的均值和中位数分别是 0.338 和 0.323，表明样本公司的终极控制股东的现金流量权普遍高于克莱森斯等（2000）研究的东亚国家或地区，但低于法西奥和兰格（2002）研究的多数西欧国家[①]。两权分离度（Sep）的均值为 0.059，中位数为 0，75% 分位数为 0.115，最大值和最小值分别为 0.402 和 0，进一步对样本公司的原始数据进行分析，发现终极控制股东的现金流量权与控制权两权出现分离的企业占比为 48.46%，接近总数的一半，

---

① 克莱森斯等（2000）以来自韩国、日本、新加坡、印度尼西亚、马来西亚、泰国、菲律宾等九个东亚国家或地区的上市公司为样本，发现东亚国家或地区的 2611 家上市公司的现金流量权均值为 0.157，其中，日本国家样本的现金流量权均值最小，为 0.069；法西奥和兰格（2002）以来自英国、法国、德国、芬兰、比利时、澳大利亚、意大利、西班牙等 13 个西欧国家的 4806 家上市公司为样本，研究发现，西欧这些国家的上市公司现金流量权均值为 0.346，其中，德国样本均值最大，高达 0.485；爱尔兰样本均值最小，为 0.188。

说明重污染行业还是有不少上市公司存在现金流量权与控制权两权分离的现象。另外，研究样本中有49.3%的重污染行业上市公司的终极控制股东类型（*Ucs*）为国有，说明国有控股的上市公司在重污染行业接近一半的数量。企业规模（*Size*）的均值为22.194，最大值与最小值分别为26.030和19.560，说明样本企业规模差异比较大。盈利能力（*Roa*）的均值为0.040，最大值为0.241。财务杠杆（*Lev*）的均值为0.432，最大值和最小值分别为0.952和0.046，可见样本公司间的财务杠杆相差较大。企业成长性（*Grow*）的均值是0.141，最大值和最小值分别为2.428和−0.518，表明样本公司的成长性也存在明显差异。

表5−2　　　　　　　　　　　研究变量的描述性统计

变量	样本数	均值	标准差	P25	中位数	P75	最小值	最大值
Env	4732	0.537	1.007	0	0	0.905	0	6.935
Cfr	4732	0.338	0.160	0.211	0.323	0.444	0.058	0.751
Sep	4732	0.059	0.082	0	0	0.115	0	0.402
Ucs	4732	0.493	0.500	0	0	1	0	1
Size	4732	22.194	1.268	21.335	22.010	22.950	19.560	26.030
Roa	4732	0.040	0.061	0.010	0.035	0.071	−0.170	0.241
Lev	4732	0.432	0.211	0.264	0.424	0.589	0.046	0.952
Grow	4732	0.141	0.371	−0.038	0.085	0.224	−0.518	2.428

二、相关性分析

表5−3是研究变量之间的Pearson相关系数矩阵，从表5−3中可以看出，现金流量权（*Cfr*）、终极控制股东的类型（*Ucs*）与企业环境治理在1%的水平上具有显著的正相关关系，而两权分离度与企业环境治理在5%的水平上显著负相关。企业规模（*Size*）、财务杠杆（*Lev*）与企业环境治理在1%的水平上显著正相关，企业成长性（*Grow*）与企业环境治理在1%的水平上显著负相关。而盈利能力（*Roa*）与企业环境治理关系不显

著。总体上看来，变量之间的相关性分析初步支持了本章的研究假设，这就为后面的多元回归分析奠定了基础。

表 5-3　　　　　　　　　　　Pearson 相关系数矩阵

变量	Env	Cfr	Sep	Ucs	Size	Roa	Lev	Grow
Env	1							
Cfr	0.109 ***	1						
Sep	-0.027 **	-0.390 ***	1					
Ucs	0.134 ***	0.158 ***	-0.030 **	1				
Size	0.204 ***	0.239 ***	0.076 ***	0.334 ***	1			
Roa	0.015	0.099 ***	0.008	-0.151 ***	0.019	1		
Lev	0.098 ***	-0.034 **	0.054 ***	0.321 ***	0.349 ***	-0.425 ***	1	
Grow	-0.039 ***	0.037 **	-0.036 **	-0.080 ***	0.005	0.238 ***	-0.0003	1

注：** 、*** 分别表示在 5%、1% 的水平上显著。

三、多元回归分析

根据前文设定的四个回归模型，通过 F 检验、BP 检验、Hausman 检验，选择固定效应模型估计方法，对研究样本进行回归检验，回归结果如表 5-4 所示。

表 5-4　　　　　终极所有权结构对企业环境治理的影响回归结果

变量	(1)	(2)	(3)	(4)
Cfr	0.788 *** (3.932)			0.743 *** (3.443)
Sep		-0.651 * (-1.774)		-0.052 * (-1.736)
Ucs			0.351 *** (3.107)	0.325 *** (2.864)

变量	（1）	（2）	（3）	（4）
Size	0. 003 *** (2. 832)	0. 029 *** (2. 735)	0. 020 *** (2. 783)	0. 002 ** (2. 141)
Roa	0. 024 (0. 076)	0. 029 (0. 093)	0. 038 (0. 120)	− 0. 008 (− 0. 025)
Lev	0. 193 (1. 326)	0. 170 (1. 164)	0. 167 (1. 142)	0. 178 (1. 221)
Grow	− 0. 056 (− 1. 476)	− 0. 048 (− 1. 252)	− 0. 050 (− 1. 310)	− 0. 058 (− 1. 523)
Constant	0. 154 (0. 188)	− 0. 134 (− 0. 163)	− 0. 132 (− 0. 161)	0. 050 (0. 060)
Ind/Year	Yes	Yes	Yes	Yes
Within R^2	0. 152	0. 143	0. 158	0. 171
F 检验	2. 71 ***	2. 70 ***	2. 73	2. 70
BP 检验	486. 42 ***	482. 12 ***	483. 78 ***	481. 00 ***
Hausman Chi 值	16. 87	12. 67	15. 66	20. 51
P 值	0. 004	0. 027	0. 008	0. 005
N	4732	4732	4732	4732

注：括号内为 t 值；*、**、*** 分别表示在 10%、5%、1% 的水平上显著；P 值为 Hausman 检验结果的 P 值；N 为观测值数量。

从表 5 - 4 可见，在控制了企业规模（*Size*）、盈利能力（*Roa*）、财务杠杆（*Lev*）、企业成长性（*Grow*）以及年度和行业的影响后，无论现金流量权（*Cfr*）是单独进入回归模型（即列 1），还是与两权分离度（*Sep*）以及终极控制股东的类型（*Ucs*）一起同时进入回归模型中（即列 4），现金流量权的系数都是正数，且均在 1% 的水平上显著，说明现金流量权显著正向影响企业环境治理。因此，假设 5 - 1 得到了支持。这就说明，随着终极控制股东现金流量权的增加，终极控制股东更关注企业的长远发展利益，能够更好地抑制其谋取私人利益的机会主义行为，其控制下的企业也就能够把更多的资源投入于环境治理，以减少未来的环境成本及潜在环境风险，增加外部中小股东对企业未来发展的信心，以及提升其他利益相关者对企业的环保形象认知。

从表 5 - 4 可见，无论两权分离度（*Sep*）是单独进入回归模型中（即列 2），还是与现金流量权（*Cfr*）以及终极控制股东的类型（*Ucs*）一起同时进入回归模型中（即列 4），两权分离度的系数都是负的且均在 10% 的水平上显著，即终极控制股东的两权分离度越大，企业的环境治理水平越低。因此，假设 5 - 2 得到了支持。这就说明两权分离度越大，终极控制股东忽视中小股东等利益相关者的利益诉求情况越严重，更倾向于把企业资源转为私人利益所用，其控制下的企业就会减少把资源投入于收益回报周期较长的环境治理。

从表 5 - 4 可见，无论终极控制股东类型（*Ucs*）是单独进入回归模型（即列 3），还是与现金流量权（*Cfr*）以及两权分离度（*Sep*）一起同时进入回归模型中（即列 4），终极控制股东类型的系数都是正的且均在 1% 的水平上显著，即相对于终极控制股东为非国有的上市公司而言，终极控制股东为国有的上市公司在环境治理方面做得更好。因此，假设 5 - 3 得到了支持。这就说明在面临着比非国有上市公司更大的环境合法性压力的情况下，国有控股的上市公司会从事更多的环境治理活动，以维护其在环境保护方面的合法性地位。

此外，关于控制变量对企业环境治理的影响，表 5 - 4 的回归结果显示，只有企业规模（*Size*）与企业环境治理显著正相关，与胡珺等（2017）的研究结论一致，说明企业规模越大，其环境治理水平越高。

四、稳健性检验

为了确保实证结果的稳健性，本章进行了如下一系列的稳健性检验。

（一）替换研究变量测量方法

1. 两权分离度更换度量方法。

参考肖作平（2010）、冯旭南和李心愉（2013）有关两权分离度的度量方法，对两权分离度分别采用另外两种度量方法，即控制权除以现金流量权（$Sep1$）、控制权与现金流量权之差再除以控制权（$Sep2$）[①]。根据前文构建的模型（5-2）、模型（5-4），采用两权分离度的代理变量（即 $Sep1$ 和 $Sep2$）分别替代 Sep 变量进行回归分析，重新检验研究假设 5-2 是否成立。首先是两权分离度的两个代理变量（$Sep1$ 和 $Sep2$）分别与控制变量一起进入回归模型（即表 5-5 的列 1、列 2），然后在控制相关变量的基础上，再分别与现金流量权及终极控制股东类型一起同时进入回归模型（即表 5-5 的列 3、列 4），从表 5-5 可以看出，两权分离度替代变量（$Sep1$ 和 $Sep2$）的回归系数均显著为负，替换两权分离度变量测量的稳健性检验与主检验结果一致。

表 5-5　　　　　　　　两权分离度替代变量的稳健性检验

变量	(1)	(2)	(3)	(4)
Cfr			0.670 *** (2.952)	0.598 ** (2.549)
$Sep1$	−0.130 *** (−2.641)		−0.043 * (−1.683)	
$Sep2$		−0.464 *** (−3.321)		−0.211 * (−1.726)
Ucs			0.322 *** (2.847)	0.315 *** (2.778)
$Size$	0.025 *** (2.691)	0.028 *** (2.730)	0.004 ** (2.103)	0.007 ** (2.241)
Roa	0.032 (0.099)	0.023 (0.073)	0.002 (0.049)	0.003 (−0.101)
Lev	0.169 (1.156)	0.164 (1.123)	0.174 (1.192)	0.169 (1.160)
$Grow$	−0.047 (−1.260)	−0.048 (−1.272)	−0.057 (−1.505)	−0.056 (−1.489)

---

① $Sep1$、$Sep2$ 的数值越大，均表示两权分离程度越高。

变量	（1）	（2）	（3）	（4）
Constant	0.083 （0.101）	−0.068 （−0.083）	0.081 （0.099）	0.011 （0.014）
Ind/Year	Yes	Yes	Yes	Yes
Within R²	0.140	0.148	0.172	0.169
F 检验	2.72***	2.70***	2.71***	2.70***
BP 检验	488.40***	482.35***	483.20***	480.96***
Hausman Chi 值	15.29	14.81	20.64	20.45
P 值	0.009	0.011	0.004	0.005
N	4732	4732	4732	4732

注：括号内为 t 值；*、**、*** 分别表示在 10%、5%、1% 的水平上显著；N 为观测值数量；P 值为 Hausman 检验结果的 P 值，均采用固定效应模型。

2. 企业环境治理更换度量方法。

参考胡珺等（2019）、翟华云和刘亚伟（2019）的做法，企业环境治理采用环境资本支出加 1 的自然对数进行度量，对前文构建的四个回归模型重新检验，回归结果如表 5 − 6 所示，没有改变前文主检验的结论。

表 5 − 6　　　　　　　企业环境治理替代变量的稳健性检验

变量	（1）	（2）	（3）	（4）
Cfr	7.896*** （4.602）			8.042*** （4.351）
Sep		−4.369* （−1.753）		−1.529* （−1.802）
Ucs			1.768* （1.825）	1.539** （2.262）
Size	1.114*** （3.544）	1.354*** （4.322）	1.299*** （4.161）	1.083*** （3.403）
Roa	0.848 （0.311）	1.368 （0.501）	1.402 （0.514）	0.888 （0.326）

续表

变量	(1)	(2)	(3)	(4)
Lev	1.473 (1.181)	1.278 (1.021)	1.279 (1.023)	1.438 (1.151)
Grow	−0.018 (−0.055)	0.068 (0.209)	0.058 (0.177)	−0.030 (−0.091)
Constant	−21.24 *** (−3.025)	−23.81 *** (−3.383)	−23.65 *** (−3.364)	−21.39 *** (−3.031)
Ind/Year	Yes	Yes	Yes	Yes
Within R^2	0.137	0.140	0.146	0.175
F 检验	3.45 ***	3.81 ***	3.83	3.84
BP 检验	1141.71 ***	1129.01 ***	1139.47 ***	1133.16 ***
Hausman Chi 值	13.33	12.79	10.13	16.78
P 值	0.020	0.036	0.074	0.019
N	4732	4732	4732	4732

注：括号内为 t 值；＊、＊＊、＊＊＊分别表示在 10%、5%、1%的水平上显著；N 为观测值数量；P 值为 Hausman 检验结果的 P 值，均采用固定效应模型。

（二）改变控制权阈值

采用 20%的控制权阈值，替代原先 10%的控制权阈值，选取终极控制股东控制权高于 20%的重污染行业上市公司的研究样本，对前文重新做回归分析，回归结果如表 5－7 所示，发现最终结论也没有发生实质性变化。稳健性检验结果表明，本章的研究结论具有一定的稳定性。

表 5－7　　　　　　　　控制权阈值为 20%的稳健性检验

变量	(1)	(2)	(3)	(4)
Cfr	0.808 *** (3.549)			0.780 *** (3.042)
Sep		−0.743 * (−1.843)		−0.119 * (−1.776)

变量	(1)	(2)	(3)	(4)
Ucs			0.039 *** (2.983)	0.021 ** (2.117)
Size	0.044 *** (2.837)	0.065 ** (2.275)	0.058 *** (2.729)	0.046 ** (2.103)
Roa	0.098 (0.261)	0.143 (0.380)	0.139 (0.371)	0.099 (0.263)
Lev	0.112 (0.675)	0.108 (0.648)	0.116 (0.694)	0.111 (0.668)
Grow	−0.049 (−1.035)	−0.040 (−0.843)	−0.041 (−0.851)	−0.049 (−1.022)
Constant	−0.780 (−0.825)	−0.931 (−0.981)	−0.847 (−0.891)	−0.789 (−0.830)
Ind/Year	Yes	Yes	Yes	Yes
Within R^2	0.145	0.126	0.153	0.167
F 检验	2.76 ***	2.74 ***	2.74 ***	2.75
BP 检验	428.16 ***	423.30 ***	425.28 ***	424.07 ***
Hausman Chi 值	12.58	11.40	14.39	12.88
P 值	0.028	0.051	0.015	0.076
N	4025	4025	4025	4025

注：括号内为 t 值；*、**、*** 分别表示在 10%、5%、1% 的水平上显著；控制权阈值调整为 20% 后，研究样本变为"2012~2013 期间 575 家重污染行业上市公司（共计 4025 个观测值）的平衡面板数据"；P 值为 Hausman 检验结果的 P 值，均采用固定效应模型。

第五节 本 章 小 结

本章以 2012~2018 年重污染行业上市公司所构成的平衡面板数据为研究样本，对终极所有权结构如何影响企业环境治理进行了实证检验，得出以下研究结论：（1）现金流量权与企业环境治理显著正相关，说明随着现金流量权的增加，终极控制股东与企业及中小股东等的利益趋于一致，终极控制股东与中小股东之间的代理成本随之减少，终极控制股东响应外部利益相关者日益关注的环保诉求的意愿增强，从而能够承担起更多的环境责任，积极从事环境治理活动；（2）现金流量权与控制权的两权分离度与企业环境治理水平显著负相关，表明现金流量权与控制权的两权分离程度越大，终极控制股东掠夺小股东利益的动机和能力越强，其控制下的企业在环境保护方面的资源投入越少，其环境治理水平越低；（3）终极控制股东类型对企业环境治理具有显著的正向影响，终极控制股东为国有的上市公司的环境治理水平显著高于非国有上市公司，表明相对于非国有上市公司而言，国有控股的上市公司在面临更大的环境合法性压力的情况下，能够更好地响应政府监管部门有关环境保护的规范要求，承担更多的环境责任，从事更多的环境治理活动。

　　基于上述研究结论，本章的政策启示是政府监管部门推进企业提高环境治理水平的过程，应当充分考虑终极所有权结构的因素对企业环境治理所带来的影响情况，并采取相应的规范、约束及监督措施。首先，监管部门要重点监管现金流量权与控制权有偏离的上市公司，从制度层面上要求其加强内部制衡机制以及优化股权结构，以减少两权偏离度，改善企业内部治理机制，同时需要加大对小股东的法律保护程度，完善相应的法制建设，增加终极控制股东侵占小股东利益的违规成本，从而改善企业的外部治理环境，以抑制终极控制股东的隧道行为。其次，应当肯定终极控制股东为国有的上市公司在环境治理方面所起到的积极作用，为了能进一步提升国有控股上市公司的环境治理水平，激发它们更好地做出表率作用，监管部门应该制定出更深入、更具针对性的环境规制政策。最后，在加强非国有控股上市公司的环境治理监管力度的同时，应该鼓励非国有控股上市公司采取措施投入环境治理，对环境治理水平高的企业可考虑给予适当的奖励。国外经验表明，奖励环境治理做得好的企业，可以有效促进企业进一步完善环境治理措施，并激发其他企业提升环境治理水平。

第六章

制度环境对两权分离
与企业环境治理的影响

在第五章研究发现终极控制股东的现金流量权与控制权两权分离负向影响企业环境治理的基础上，本章进一步地从宏观层面的制度环境视角，理论分析并实证探讨企业环境治理的影响因素。具体而言，本章以 676 家重污染行业上市公司 2012 ~ 2018 年连续七年的平衡面板数据为研究样本（共计 4732 个观测值），实证检验制度环境对企业环境治理的影响，以及制度环境是否能够有效缓解两权分离对企业环境治理的负向影响。

第一节　问题提出

企业从事环境治理，短期内的主要受益方是社会而不是企业（张琦等，2019），一般而言，企业将有限的资金投入环境治理，在短期内给企业带来的主要是生产成本的增加（Clarkson and Richardson，2004），而不是经济效益的回报（Jo et al.，2015），由此，会影响两权分离下终极控制股东是否从事环境治理的决策选择。别布丘克等（Bebchuk et al.，2000）、赵卿和刘少波（2012）、肖作平和廖理（2012）等众多研究表明，两权分离会使终极控制股东具有很强的私人利益导向，引发终极控制股东的机会主义行为，进而导致终极控制股东与中小股东出现委托代理问题。两权分离情况下的终极控制股东具有很强的动机掠夺中小股东的利益，而环境治理需要大量资金投入，很大程度上会影响终极控制股东私享个人利益的空间。因此，两权分离情况下的终极控制股东会更倾向于通过其超额的控制权阻止企业在环境治理方面的投入。前文基于 2012～2018 年重污染行业上市公司的研究样本，实证结果表明，现金流量权与控制权的两权分离显著负向影响企业环境治理。那么，如何才能减缓两权分离对企业环境治理的影响？这是本章重点要解决的核心问题。

　　法与金融理论认为，从国家法律制度层面加强投资者的法律保护，有助于改善公司治理水平，并缓解终极控制股东与中小股东的利益冲突。德米古柯·昆特和马克西莫维奇（Demirguc - Kunt and Maksimovic，1998）认为，更强的投资者法律保护有助于降低企业内部人的机会主义行为，进而降低其通过控制权获取私利行为的倾向。拉波塔等（1999）在探讨如何减缓终极控制股东与中小股东的委托代理问题时，指出完善法律环境是使终极控制股东侵占中小股东利益的行为变得困难的有效措施。拉波塔等（2002）进一步地以来自 27 个国家的 539 家大公司的样本数据，实证结果发现，投资者法律保护更弱的国家，企业的终极控制股东和中小股东的利益冲突更加严重，而投资者法律保护的增强能够缓解二者的利益冲突。克莱森斯等（2002）研究发现，法律制度和信息披露制度等制度环境的完善有助于减缓终极控制股东侵占中小股东利益的壕沟效应，提升企业价值。吴宗法和张英丽（2012）基于 2003～2007 年中国民营上市公司的数据，研究表明，法律制度环境的改善能够缓解终极所有权与控制权的两权分离对企业利益侵占的负面影响。张俭和石本仁（2014）以法与金融理论为基础，采用 2007～2012 年我国 1280 家上市家族企业的样本，检验了终极控制股东的两权分离对企业现金股利分红意愿及分红水平的影响，结果发现，两权分离度越大，企业现金分红意愿及分红水平越低，而良好的制度环境能够抑制终极控制股东的低分红倾向。基于上述法与金融理论领域研究的相关观点，本章尝试引入制度环境，探讨制度环境对企业环境治理的影响，以及制度环境如何缓解终极控制股东的两权分离对企业环境治理的负向影响。

第二节　理论分析与研究假设

　　由于资源禀赋、地理差异及国家政策的不同，各地区市场化进展程度很不平衡，使不同地区的上市公司面临不同的制度环境，这对不同地区上市公司的终极控制股东的掠夺行为及企业环境治理可能会带来比较大差异的影响。本章从表征制度环境的市场化进程、法治水平（法治环境）及政府干预三个方面来展开分析。

　　首先，市场化进程高的地区，公众环保意识较强，媒体也比较活跃，公众及媒体会更关注企业的环境污染行为，政府对环境污染治理的重视程度也更高（潘越等，2017），企业迫于公众、媒体及政府监督的压力会履行更多的环境责任以证明其合法性。同时，市场化进程高的地区，经济比较发达、市场竞争激烈、产品价格高度透明，高度的产品市场竞争将使企业的内部约束机制更加有效，而透明的产品价格客观将使终极控制股东低价转移公司资源变得比较困难。因此，在市场化程度高的地区，终极控制股东对中小股东的利益侵占机会将会减少，进而可能减缓两权分离对企业环境治理的负面影响。

　　其次，制度环境较好的地区，法治水平较高，环境法规及制度能够获得相对有效的贯彻实施，可以较好地遏制企业环境污染行为，有利于推动企业环保投资。克拉森和怀巴克（Klassen and Whybark，1999b）研究发现，环保制度及法规能够促进企业投资清洁环保技术来改善企业环境绩效。叶莉和房颖（2020）研究表明，环境规制显著正向影响企业环境治理。在法治水平高的地区，中小股东的利益能够得到比较有效的保护，监管部门对企业监督工作也做得更到位，从而能够较大程度抑制终极控制股东的机会主义掠夺行为。因此，相对完善的法治环境能够限制终极控制股东超额控制权的私人利益倾向行为（La Porta et al.，1999；Dyck and Zingales，2004），从而也可能减缓两权分离对企业环境治理的负面影响。

最后，在中国当前官员考核及晋升机制下，制度环境差的地方政府有较强动力干预企业的经营活动。虽然重污染行业企业会带来比较严重的环境污染，但它们大多属于地方经济的支柱产业，是带动当地 GDP 增长的主要力量（罗党论和赖再洪，2016）。鲁建坤等（2021）研究发现，企业会由于纳税贡献而较少进行环境治理投资，表明存在地方政府以放松环境规制来"优待"纳税大户的现象，并指出这种现象主要存在于放松环境规制利益空间较大的重污染行业、经济发展程度较落后及地区法治水平较低的地区。张功富（2013）研究发现，政府干预越强，企业环境治理绩效越差。而在制度环境好的地区，政府干预企业的情况较少，企业向政府进行行贿寻租获取保护的机会也较小，某种程度上能够弱化终极控制股东的代理成本，从而有可能减少终极控制股东两权分离企业环境治理的负面影响。

基于以上分析，本章认为，市场化程度越高、法治环境越好、政府干预越少的制度环境，不仅有助于促进企业投入环境治理，而且能够减缓终极控制股东的两权分离对企业环境治理的负向影响。因此，本章提出如下两个假设：

假设 6-1：良好的制度环境能够促进企业环境治理。

假设 6-2：制度环境能够缓解两权分离对企业环境治理的负向影响，即制度环境对两权分离与企业环境治理关系具有调节效应。

第三节 研 究 设 计

一、样本选择及数据来源

本章选取 2012～2018 年重污染行业的深沪上市公司作为初始研究样

本，在剔除 ST 或 PT 类、数据缺失、样本期间行业性质由重污染行业变成非重污染行业或从非重污染行业变成重污染行业、控制权低于 10% 阈值的四类初始样本之后，最终得到 676 家重污染行业上市公司 2012～2018 年连续七年的平衡面板数据，共计 4732 个观测值。

样本数据的获取主要通过以下途径：（1）制度环境变量的数据来源于王小鲁等（2019）编著的《中国分省份市场化指数报告（2018）》；（2）两权分离以及控制变量的数据来源于国泰安 CSMAR 数据库；（3）企业环境治理变量的数据来自上市公司年报，从上市公司年报的在建工程科目注释中，手工收集样本公司当期环保投资项目增加额来获取表征企业环境治理变量的环境资本支出数据。为消除异常值对样本数据回归检验的影响，对所有连续变量的上下 1% 分位处进行 Winsorize 缩尾处理。

二、变量定义

（一）被解释变量

本章被解释变量为企业环境治理（Env），参考赵阳等（2019）、胡珺等（2019）、翟华云和刘亚伟（2019）、蔡春等（2021）的做法，采用环境资本支出作为代理变量，在主检验中，为控制企业规模对环境资本支出的影响，采用期末总资产对环境资本支出进行标准化处理后，再乘以 100 来度量；而在稳健性检验中，企业环境治理采用环境资本支出加 1 的自然对数度量方法。

（二）解释变量

本章解释变量包括制度环境（$Inst$）和两权分离度（Sep）。其中，制度环境包括市场化总指数（Mar）、法治环境（Law）、政府干预（Gov）三个代理变量。首先，以市场化总指数衡量企业所处的总体外部制度环境；其次，为更细致地考察法治环境、政府干预具体分项层面的制度环境影响，还选择"市场中介组织的发育和法治环境"和"政府与市场的关系"

两个方面指数分别进行检验。由于王小鲁等（2019）编著的指数数据只更新至 2016 年，市场化总指数能够获取 2012～2016 年各年度的数据，但各方面指数只有排序、偶数年份的数据，没有奇数年份的数据，所以，"市场中介组织的发育和法治环境"和"政府与市场的关系"这两个方面指数数据无法直接获取，还有 2017 年、2018 年这两年的制度环境变量数据也无法直接获取。对此，本章采取如下测量方法：（1）参考张昭等（2020）的做法，采用王小鲁等（2019）的 2012～2016 年"政府与市场的关系"与"市场中介组织的发育和法治环境"方面指数排序的倒数，来测量相关方面的制度环境，排序倒数的值越大，表示相关方面的制度环境越好；（2）考虑市场化总指数及方面指数排序在不同年度的相对稳定性，参考任颋等（2015）、何丹等（2018）的做法，采用 2016 年的制度环境变量数据替代 2017 年、2018 年相应变量的数据。

另一个解释变量，即两权分离度（Sep），其测量方法与第五章相同，参考克莱森斯等（2000）的方法，采用控制权减去现金流量权进行度量。此外，在通过控制权阈值设定来筛选样本方面，也采用与第五章相同的方法，参考拉波塔等（1999）、克莱森斯等（2000）的研究做法，先在主检验中采用 10% 的阈值，选取控制权大于 10% 的研究样本做实证检验，然后在稳健性检验中采用 20% 的阈值，选取控制权大于 20% 的研究样本来验证主检验结论的稳定性。

（三）控制变量

由于本章是在第五章的基础上所做的进一步研究，因此，在控制变量选择方面，保持与第五章相同的做法，即参考瓦尔斯等（2012）、周晖和邓舒（2017）、胡珺等（2019）、赵阳等（2019）的相关研究，选取公司规模（$Size$）、盈利能力（Roa）、财务杠杆（Lev）、企业成长性（$Grow$）作为控制变量。另外，也同样控制了可能会影响企业环境治理水平的时间及行业因素，时间及行业均采用虚拟变量的形式。具体变量定义如表 6－1 所示。

表 6–1   变量定义及说明

变量类型	变量名称	变量符号	变量说明
被解释变量	企业环境治理	Env	（环境资本支出增加额/期末总资产）×100
解释变量	市场化总指数	Mar	取自王小鲁等（2019）的"市场化总指数"；数值越大，说明市场化程度越高
	法治环境	Law	取自王小鲁等（2019）的"市场中介组织的发育和法治环境"方面指数排序的倒数；数值越大，表示法治水平越高
	政府干预	Gov	取自王小鲁等（2019）的"政府与市场的关系"方面指数排序的倒数；数值越大，表示政府干预程度越低
	两权分离度	Sep	控制权–现金流量权；数值越大，说明现金流量权与控制权的两权分离程度越高
控制变量	企业规模	$Size$	期末总资产的自然对数
	盈利能力	Roa	净利润/总资产平均余额
	财务杠杆	Lev	期末总负债/期末总资产
	企业成长性	$Grow$	营业收入增长率 =（当年营业收入 – 上年营业增长收入）/上年营业收入
	行业虚拟变量	Ind	8 个行业，设置 7 个行业虚拟变量
	时间虚拟变量	$Year$	7 个年度，设置 6 个时间虚拟变量

三、模型构建

为检验本章提出的两个研究假设，本章构建如下两个面板数据回归模型：

$$Env_{it} = \alpha + \beta_1 Inst_{it} + \beta_2 Size_{it} + \beta_3 Roa_{it} + \beta_4 Lev_{it} + \beta_5 Grow_{it}$$

$$+ \lambda \sum_{k=1}^{7} Ind_k + \eta \sum_{y=1}^{6} Year_y + \varepsilon_{it} \qquad (6-1)$$

$$Env_{it} = \alpha + \beta_1 Sep_{it} + \beta_2 Inst_{it} + \beta_3 Sep_{it} \times Inst_{it} + \beta_4 Size_{it} + \beta_5 Roa_{it}$$

$$+ \beta_6 Lev_{it} + \beta_7 Grow_{it} + \lambda \sum_{k=1}^{7} Ind_k + \eta \sum_{y=1}^{6} Year_y + \varepsilon_{it} \qquad (6-2)$$

在模型（6-1）和模型（6-2）中，*Env* 表示企业环境治理，*Inst* 表示制度环境，包括市场化总指数（*Mar*）、法治环境（*Law*）、政府干预（*Gov*）三个代理变量；*Sep* 表示两权分离度；企业规模（*Size*）、盈利能力（*Roa*）、财务杠杆（*Lev*）、成长性（*Grow*）、行业虚拟变量（*Ind*）、时间虚拟变量（*Year*）为控制变量；$i = 1, 2, \cdots, N(N = 676)$；$t = 2012$，$2013, \cdots, 2018$（共7个年度）；$\alpha$ 为截距项；$\beta_1, \beta_2, \cdots, \beta_8$ 为变量回归系数；λ 和 η 为回归系数向量；ε_{it} 为误差项，包括不可观测的个体效应和纯粹的随机误差项两个部分。其中，模型（6-1）检验制度环境对企业环境治理的影响，模型（6-2）检验制度环境是否能够缓解两权分离对企业环境治理的负向影响。

第四节　实证检验与结果分析

一、描述性统计分析

表6-2是本章主要变量的描述性统计结果。企业环境治理（*Env*）的均值、中位数及75%分位数分别为0.537、0、0.905，呈右偏分布，标准差是1.007，最大值和最小值分别为6.935和0，说明样本企业环境治理水平的个体差异较大。表征制度环境的市场化总指数（*Mar*）、法治环境（*Law*）、政府干预（*Gov*）均值分别为7.524、0.227、0.165，其最大值分别为10、1、1，最小值分别为1.02、0.032、0.032，说明我国各省份区域的制度环境存在不平衡的现状。两权分离度（*Sep*）的均值为0.059，中位数为0，75%分位数为0.115，最大值和最小值分别为0.402和0，说明重污染行业存在不少上市公司的现金流量权与控制权两权分离的现象。控制变量与第五章相同，在此不再赘述。

表 6 - 2   主要变量描述性统计

变量	样本数	均值	标准差	P25	中位数	P75	最小值	最大值
Env	4732	0.537	1.007	0	0	0.905	0	6.935
Mar	4732	7.524	1.964	6.32	7.4	9.28	1.02	10
Law	4732	0.227	0.276	0.056	0.1	0.25	0.032	1
Gov	4732	0.165	0.164	0.059	0.1	0.2	0.032	1
Sep	4732	0.059	0.082	0	0	0.115	0	0.402
Size	4732	22.194	1.268	21.335	22.010	22.950	19.560	26.030
Roa	4732	0.040	0.061	0.010	0.035	0.071	-0.170	0.241
Lev	4732	0.432	0.211	0.264	0.424	0.589	0.046	0.952
Grow	4732	0.141	0.371	-0.038	0.085	0.224	-0.518	2.428

二、单变量分析

采用单变量分析方法，分别考察制度环境对企业环境治理的影响，以及制度环境对两权分离与企业环境治理关系的影响。首先，以制度环境（选取"市场化总指数"代理变量）的中位数为分界点，把样本划分为制度环境好与制度环境差两组。对分组的企业环境治理均值差异进行 T 检验，单变量检验结果如表 6 - 3 所示。制度环境好的样本组企业环境治理均值为 0.593，显著高于制度环境差的样本组对应的均值（即 0.481），二者均值差为 0.112，在 5% 的水平上显著，初步验证了本章研究假设 6 - 1。其次，根据两权有无分离与制度环境好和差两两相组合进一步分组，发现在制度环境好的样本组中，两权无分离与两权分离对应子样本的企业环境治理均值差相对较小，均值差为 0.207（在 1% 的水平上显著），而制度环境差的样本组中，两权无分离与两权分离对应子样本的企业环境治理均值差相对高很多，均值差达到 0.415（在 1% 的水平上显著），通过二者均值差对比，说明制度环境能够缓解两权分离对企业环境治理的负面影响，初步验证了本章假设 6 - 2。以上只是分组检验的结果，下文将采用多元回归分析方法做进一步检验。

表 6 – 3　　　　　　　　　企业环境治理均值分组检验

分组类别		观测值	均值	均值差	T
制度环境好		2376	0.593	0.112 **	2.265
制度环境差		2356	0.481		
制度环境好	两权无分离	1259	0.660	0.207 ***	4.800
	两权分离	1117	0.453		
制度环境差	两权无分离	1180	0.718	0.415 ***	10.841
	两权分离	1176	0.303		

注：制度环境选取市场化总指数作为代理变量；*** 、** 分别表示在 1%、5% 的水平上显著。

三、回归结果分析

根据前文设定的两个回归模型，通过 F 检验、BP 检验、Hausman 检验，最终选择固定效应模型估计方法，对研究样本进行回归检验，回归结果如表 6 – 4 所示。

表 6 – 4　　　　制度环境对两权分离与企业环境治理的影响回归结果

变量	(1)	(2)	(3)	(4)	(5)	(6)
Sep				-3.587 *** (-2.742)	-1.091 *** (-2.600)	-0.876 ** (-1.991)
Mar	0.208 *** (4.597)			0.186 *** (4.017)		
Law		0.809 *** (6.565)			0.649 *** (4.507)	
Gov			1.629 *** (8.956)			1.552 *** (7.336)
$Sep \times Mar$				0.401 ** (2.333)		
$Sep \times Law$					2.155 ** (2.145)	

续表

变量	（1）	（2）	（3）	（4）	（5）	（6）
$Sep \times Gov$						1.131 * (1.767)
$Size$	0.021 ** (2.543)	0.016 ** (2.292)	0.023 *** (2.648)	0.031 *** (2.735)	0.022 ** (2.303)	0.030 ** (2.361)
Roa	0.019 (0.061)	0.049 (0.156)	0.104 (0.331)	0.016 (0.051)	0.057 (0.180)	0.110 (0.350)
Lev	0.170 (1.166)	0.178 (1.228)	0.199 (1.375)	0.150 (1.031)	0.170 (1.173)	0.184 (1.269)
$Grow$	− 0.049 （− 1.305）	− 0.050 （− 1.327）	− 0.055 （− 1.467）	− 0.049 （− 1.292）	− 0.050 （− 1.322）	− 0.055 （− 1.472）
$Constant$	− 1.601 * （− 1.807）	− 0.072 （− 0.088）	− 0.326 （− 0.401）	− 1.605 * （− 1.807）	− 0.129 （− 0.158）	− 0.419 （− 0.514）
$Ind/Year$	Yes	Yes	Yes	Yes	Yes	Yes
Within R^2	0.159	0.156	0.161	0.168	0.165	0.172
F 检验	2.75 ***	2.80 ***	2.70 ***	2.73 ***	2.78 ***	2.68 ***
BP 检验	486.57 ***	494.01 ***	457.99 ***	474.99 ***	485.39 ***	447.81 ***
Hausman Chi 值	29.36	43.57	26.92	30.76	42.59	29.23
P 值	0.000	0.000	0.000	0.0001	0.000	0.0001
N	4732	4732	4732	4732	4732	4732

注：***、**、*分别表示在1%、5%、10%的水平上显著；括号内为 t 值；P 值为 Hausman 检验结果的 P 值；列（1）~列（3）检验假设6-1，列（4）~列（6）检验假设6-2。

在表6-4中，列（1）~列（3）是对模型（6-1）进行固定效应回归的结果，主要检验制度环境对企业环境治理的影响。结果显示，制度环境的三个代理变量（Mar、Law、Gov）均在1%的水平上与企业环境治理显著正相关，其中列（1）市场化总指数（Mar）、列（2）法治环境（Law）的回归系数显著为正，说明市场化程度越高，法治环境越完善，企业环境治理水平越高；列（3）政府干预（Gov）回归系数为1.629，在此需要说明的是，由于本章政府干预变量测量的分值越高，表示政府干预程度越小，反映制度环境越好，因此，政府干预的回归系数显著为正，说明政府对企业的干预程度越小，企业环境治理的资金投入越多。因此，回归结果表明，良好的制度环境有助于企业提升环境治理水平，假设 6 - 1 得到验证。

在表 6 - 4 中，列（4）~ 列（6）是对模型（6 - 2）进行固定效应回归的结果，主要检验制度环境对两权分离度与企业环境治理负向关系的缓解作用。从表中可以看出，两权分离度与制度环境三个代理变量的交互项（$Sep \times Mar$、$Sep \times Law$、$Sep \times Gov$）的回归系数均显著为正，说明终极控制股东的"壕沟效应"与其所处的制度环境有着密切关系，企业所处地区的市场化程度越高，法治水平越高，政府干预程度越低，那么两权分离度所导致的企业环境治理水平偏低的问题就越小，说明良好的制度环境能够缓解或弱化两权分离度对企业环境治理的负向影响，因此，制度环境对两权分离度与企业环境治理之间的负向关系具有显著的调节效应，本章假设 6 - 2 得到验证。为了更直观地显示制度环境对两权分离度与企业环境治理关系的调节效应，参考艾肯和韦斯特（Aiken and West, 1991）的简单斜率图法，对制度环境的三个代理变量（市场化总指数、法治环境、政府干预），分别绘制出相应的调节效应图。

首先，选取制度环境的代理变量市场化总指数（Mar）进行简单斜率分析。以市场化总指数变量的均值加减一个标准差作为分组标准，分别对高市场化总指数和低市场化总指数两组的两权分离度与企业环境治理的关系进行描绘，绘制出市场化总指数对两权分离度与企业环境治理关系的调节效应图，如图 6 - 1 所示。在图 6 - 1 中，上方的实线代表高市场化总指数组中两权分离度对企业环境治理的影响；下方的虚线代表低市场化总指数组中两权分离度对企业环境治理的影响。一般来讲，如果调节效应（即交互效应）不存在的话，两条曲线总体呈平行趋势；而如果调节效应存在的话，两条曲线总体呈交叉趋势（刘云和石金涛，2009）。图 6 - 1 的两条曲线呈交叉趋势，表明市场化总指数在其中存在调节效应。具体的解释是：由于两条曲线的斜率都为负，说明两权分离度对企业环境治理总体上具有负向影响；由于虚线的斜率大于实线的斜率，说明在低市场化总指数下，两权分离度对企业环境治理的负向影响较大，而在高市场化总指数下，两权分离度对企业环境治理的负向影响较小。因此，市场化总指数在两权分离度与企业环境治理关系中起到反向调节作用。

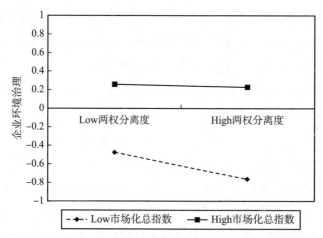

图6-1　市场化总指数对两权分离度与企业环境治理关系的调节效应

其次，选取制度环境的代理变量法治环境（*Law*）进行简单斜率分析。以法治环境变量的均值加减一个标准差作为分组标准，分别对高法治环境和低法治环境两组的两权分离度与企业环境治理的关系进行描绘，绘制出法治环境对两权分离度与企业环境治理关系的调节效应图，如图6-2所示。在图6-2中，上方的实线代表在高法治环境下，两权分离度对企业环境治理的影响；下方的虚线代表在低法治环境下，两权分离度对企业环境治理的影响。可以看出，在高法治环境组中，两权分离度与企业环境治理之间的关系曲线更平缓，斜率更小；在低法治环境组中，两权分离度与企业环境治理之间的关系曲线更陡峭，斜率更大，说明与高法治环境相比，低法治环境下的两权分离度对企业环境治理的负向影响更明显。因此，法治环境对两权分离度与企业环境治理的关系同样起到反向调节作用。

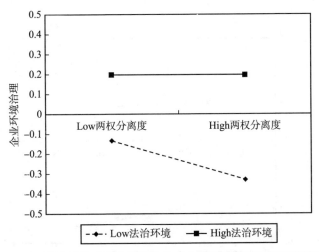

图 6-2　法治环境对两权分离度与企业环境治理关系的调节效应

　　最后，选取制度环境的代理变量政府干预（*Gov*）进行简单斜率分析。同样以政府干预变量的均值加减一个标准差作为分组标准，分别对高政府干预和低政府干预两组的两权分离度与企业环境治理的关系进行描绘，绘制出政府干预对两权分离度与企业环境治理关系的调节效应图，如图 6-3 所示。在图 6-3 中，上方的实线代表低政府干预样本组，下方的虚线代表高政府干预样本组①。可以看出，虚线的斜率大于实线的斜率，说明政府干预较高时，两权分离度对企业环境治理的负向影响更大。因此，政府干预对两权分离度与企业环境治理的关系具有正向调节作用。需要说明的是，由于政府干预与制度环境是反向关系，政府干预越低，制度环境越好，所以图 6-3 与图 6-1、图 6-2 一样都是反映了良好的制度环境有助于缓解两权分离度对企业环境治理的负向影响，即制度环境对两权分离度与企业环境治理关系具有反向调节作用。

---

　　①　由于政府干预变量数值越大，表示政府干预程度越低，因此，为使图 6-3 的调节效应图直观且正确地反映政府干预高低的不同影响效果，本书对实线和虚线的代表界定根据变量所反映的政府干预高低的原意做出相应的调整。

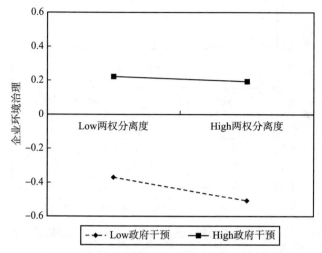

图6-3 政府干预对两权分离度与企业环境治理关系的调节效应

通过以上分析可以发现，选取市场化总指数、法治环境、政府干预作为制度环境代理变量的回归结果及调节效应图，均表明制度环境能够有效缓解两权分离度对企业环境治理的负向影响，本章假设6-2得到进一步验证。

四、稳健性检验

为了验证前文研究结果的可靠性，本章进行如下稳健性检验。

（一）替换研究变量测量方法

1. 企业环境治理的替代变量。

参考胡珺等（2019）、翟华云和刘亚伟（2019）的做法，企业环境治理采用环境资本支出加1的自然对数进行度量，对前文构建的回归模型重新检验，结果如表6-5所示，与前文结论基本一致。

表 6 – 5　　　　　　　　企业环境治理替代变量的稳健性检验

变量	(1)	(2)	(3)	(4)	(5)	(6)
Sep				−21.583 *** (−3.525)	−12.248 *** (−3.397)	−9.972 *** (−2.627)
Mar	0.475 *** (4.012)			0.207 ** (2.130)		
Law		2.526 ** (2.382)			0.312 ** (2.236)	
Gov			5.807 *** (3.698)			3.453 * (1.892)
Sep × Mar				2.815 *** (2.917)		
Sep × Law					38.210 *** (4.426)	
Sep × Gov						33.292 ** (2.552)
Size	1.309 *** (4.196)	1.293 *** (4.143)	1.316 *** (4.224)	1.393 *** (4.447)	1.333 *** (4.262)	1.368 *** (4.374)
Roa	1.321 (0.484)	1.411 (0.517)	1.618 (0.593)	1.254 (0.460)	1.488 (0.547)	1.659 (0.609)
Lev	1.327 (1.061)	1.344 (1.076)	1.415 (1.133)	1.152 (0.922)	1.324 (1.061)	1.243 (0.996)
Grow	0.065 (0.199)	0.061 (0.187)	0.042 (0.128)	0.072 (0.223)	0.067 (0.208)	0.043 (0.132)
Constant	−26.761 *** (−3.517)	−23.283 *** (−3.316)	−24.197 *** (−3.447)	−26.28 *** (−3.450)	−23.272 *** (−3.314)	−24.627 *** (−3.503)
Ind/Year	Yes	Yes	Yes	Yes	Yes	Yes
Within R^2	0.152	0.146	0.160	0.163	0.156	0.167
F 检验	3.75 ***	3.85 ***	3.74 ***	3.75 ***	3.85 ***	3.60 ***
BP 检验	1091.40 ***	1140.99 ***	1029.43 ***	1084.34 ***	1136.22 ***	999.00 ***
Hausman Chi 值	14.53	11.18	13.15	13.42	16.83	14.49
P 值	0.051	0.048	0.069	0.078	0.025	0.053
N	4732	4732	4732	4732	4732	4732

注：***、**、*分别表示在1%、5%、10%的水平上显著；列(1)~列(3)检验假设6–1，列(4)~列(6)检验假设6–2；P值为 Hausman 检验结果的 P 值，均采用固定效应模型。

2. 两权分离度的替代变量。

参考肖作平（2010）、冯旭南和李心愉（2013）的相关研究，两权分离度采用控制权除以现金流量权度量，用 $Sep1$ 表示，对模型（6-2）重新检验，结果如表6-6所示，与前文结论基本一致。

表6-6　　　　　　　两权分离度替代变量的稳健性检验

变量	（1）	（2）	（3）
$Sep1$	-0.389*** (-2.618)	-0.150*** (-2.732)	-0.173*** (-3.002)
Mar	0.156*** (3.008)		
Law		0.598** (2.552)	
Gov			1.210*** (3.335)
$Sep1 \times Mar$	0.039* (1.880)		
$Sep1 \times Law$		0.146* (1.801)	
$Sep1 \times Gov$			0.307* (1.702)
$Size$	0.023*** (2.643)	0.017** (2.481)	0.026*** (2.636)
Roa	0.020 (0.063)	0.058 (0.184)	0.112 (0.355)
Lev	0.159 (1.093)	0.168 (1.155)	0.181 (1.255)
$Grow$	-0.049 (-1.317)	-0.051 (-1.350)	-0.055 (-1.472)
$Constant$	-1.130 (-1.249)	0.103 (0.126)	-0.154 (-0.190)

续表

变量	（1）	（2）	（3）
Ind/Year	Yes	Yes	Yes
Within R²	0.166	0.157	0.161
F 检验	2.75 ***	2.79 ***	2.70 ***
BP 检验	483.47 ***	489.12 ***	453.39 ***
Hausman Chi 值	31.87	45.78	30.76
P 值	0.000	0.000	0.0001
N	4732	4732	4732

注：*** 、** 、* 分别表示在 1%、5%、10% 的水平上显著，括号内为 t 值；列（1）～列（3）检验假设 6－2；P 值为 Hausman 检验结果的 P 值，均采用固定效应模型。

3. 制度环境的替代变量。

借鉴李梦雅和严太华（2019）、严复雷等（2020）的做法，采用移动平均法得出制度环境代理变量 2017 年、2018 年相对应的数据，三个代理变量分别用 Mar1、Law1、Gov1 表示，对模型（6－1）、模型（6－2）重新检验，结果如表 6－7 所示，与前文结论基本一致，说明本章研究结论具有较高的稳健性。

表 6－7　　　　　　　制度环境替代变量的稳健性检验

变量	（1）	（2）	（3）	（4）	（5）	（6）
Sep				-3.710 *** (-2.819)	-1.077 ** (-2.562)	-0.932 ** (-2.125)
Mar1	0.230 *** (4.791)			0.206 *** (4.212)		
Law1		0.826 *** (6.543)			0.669 *** (4.548)	
Gov1			1.642 *** (9.172)			1.535 *** (7.418)
Sep × Mar1				0.420 ** (2.419)		

续表

变量	(1)	(2)	(3)	(4)	(5)	(6)
$Sep \times Law1$					2.115 ** (2.081)	
$Sep \times Gov1$						1.549 * (1.748)
$Size$	0.021 *** (2.580)	0.016 ** (2.445)	0.022 *** (2.614)	0.031 *** (2.742)	0.023 ** (2.204)	0.029 ** (2.198)
Roa	0.024 (0.074)	0.049 (0.155)	0.097 (0.308)	0.021 (0.067)	0.057 (0.179)	0.104 (0.329)
Lev	0.169 (1.158)	0.180 (1.237)	0.196 (1.358)	0.147 (1.013)	0.172 (1.182)	0.180 (1.247)
$Grow$	−0.050 (−1.317)	−0.051 (−1.330)	−0.055 (−1.454)	−0.049 (−1.307)	−0.050 (−1.326)	−0.054 (−1.453)
$Constant$	−1.766 ** (−1.975)	−0.081 (−0.099)	−0.300 (−0.369)	−1.758 * (−1.962)	−0.137 (−0.167)	−0.390 (−0.478)
$Ind/Year$	Yes	Yes	Yes	Yes	Yes	Yes
Within R^2	0.158	0.152	0.161	0.167	0.159	0.170
F 检验	2.75 ***	2.80 ***	2.70 ***	2.73 ***	2.77 ***	2.68 ***
BP 检验	486.48 ***	493.74 ***	456.49 ***	474.92 ***	484.75 ***	447.02 ***
Hausman Chi 值	31.16	43.61	29.75	32.59	42.60	29.59
P 值	0.000	0.000	0.000	0.000	0.000	0.0001
N	4732	4732	4732	4732	4732	4732

注：***、**、*分别表示在 1%、5%、10% 的水平上显著，括号内为 t 值；列（1）~列（3）检验假设 6-1，列（4）~列（6）检验假设 6-2；P 值为 Hausman 检验结果的 P 值，均采用固定效应模型。

（二）改变控制权阈值

控制权采用 20% 的阈值，删掉 2012~2018 年控制权低于 20% 的样本公司，获得重污染行业 575 家上市公司 2012~2018 年连续 7 年的平衡面板数据，共计 4025 个观测值，检验结果如表 6-8 所示，回归结果与前文结论保持一致。

表 6 - 8　　　　　　　　控制权阈值为 20% 的稳健性检验

变量	(1)	(2)	(3)	(4)	(5)	(6)
Sep				− 2. 983 ** (− 2. 053)	− 1. 129 ** (− 2. 488)	− 0. 965 ** (− 2. 025)
Mar	0. 202 *** (4. 062)			0. 185 *** (3. 626)		
Law		0. 745 *** (5. 467)			0. 589 *** (3. 555)	
Gov			1. 613 *** (7. 977)			1. 537 *** (6. 469)
Sep × Mar				0. 303 * (1. 719)		
Sep × Law					1. 893 * (1. 657)	
Sep × Gov						1. 090 * (1. 674)
Size	0. 055 ** (2. 316)	0. 048 ** (2. 214)	0. 054 *** (2. 612)	0. 066 ** (2. 391)	0. 056 ** (2. 377)	0. 062 ** (2. 408)
Roa	0. 159 (0. 425)	0. 184 (0. 491)	0. 274 (0. 737)	0. 156 (0. 418)	0. 187 (0. 500)	0. 282 (0. 757)
Lev	0. 110 (0. 661)	0. 128 (0. 768)	0. 157 (0. 949)	0. 100 (0. 603)	0. 121 (0. 730)	0. 146 (0. 884)
Grow	− 0. 045 (− 0. 953)	− 0. 047 (− 0. 983)	− 0. 057 (− 1. 211)	− 0. 044 (− 0. 927)	− 0. 046 (− 0. 960)	− 0. 056 (− 1. 207)
Constant	− 2. 343 ** (− 2. 306)	− 0. 770 (− 0. 817)	− 1. 025 (− 1. 092)	− 2. 390 ** (− 2. 347)	− 0. 860 (− 0. 910)	− 1. 128 (− 1. 199)
Ind/Year	Yes	Yes	Yes	Yes	Yes	Yes
Within R^2	0. 154	0. 146	0. 156	0. 159	0. 150	0. 166
F 检验	2. 78 ***	2. 82 ***	2. 74 ***	2. 76 ***	2. 80 ***	2. 72 ***
BP 检验	423. 99 ***	431. 30 ***	401. 99 ***	415. 33 ***	424. 31 ***	394. 94 ***
Hausman Chi 值	19. 98	29. 54	21. 51	21. 65	29. 88	22. 15
P 值	0. 0013	0. 000	0. 0006	0. 0029	0. 0002	0. 0024
N	4025	4025	4025	4025	4025	4025

注：*** 、** 、* 分别表示在 1% 、5% 、10% 的水平上显著，括号内为 t 值；列 (1) ~列 (3) 检验假设 6 - 1，列 (4) ~列 (6) 检验假设 6 - 2；P 值为 Hausman 检验结果的 P 值，均采用固定效应模型。

（三）基于新《环保法》划分期间样本组的回归分析

2015 年 1 月 1 日，新修订的《中华人民共和国环境保护法》（以下简称新《环保法》）正式开始实施，相对于旧《环保法》，新《环保法》特别强调经济发展要与环境保护相协调，同时强化了企业环境污染的惩罚力度及政府的环境监管责任（崔广慧和姜英兵，2019）。新《环保法》的实施前后在制度环境对两权分离与企业环境治理的影响方面可能存在差异。由此，本章以新《环保法》实施时间作为样本期间划分的依据，把前文样本划分为"2012 ~ 2014 年"与"2015 ~ 2018 年"两个期间样本组，根据前文构建的模型，分组进行回归检验，回归结果如表 6 - 9、表 6 - 10 所示。从中可以发现，两个期间的样本组回归结果并无明显差异，与前文结论基本一致。

表 6 - 9　　　　　　　　　2012 ~ 2014 年样本组的回归检验

变量	(1)	(2)	(3)	(4)	(5)	(6)
Sep				-3.738^{**} (-2.352)	-1.313^{***} (-2.648)	-1.219^{**} (-2.216)
Mar	0.371^{***} (4.428)			0.217^{***} (4.180)		
Law		0.867^{***} (3.971)			0.709^{***} (2.822)	
Gov			1.647^{***} (7.691)			1.831^{***} (6.502)
$Sep \times Mar$				0.369^{**} (2.115)		
$Sep \times Law$					1.923^{**} (2.443)	
$Sep \times Gov$						1.235^{*} (1.732)
$Size$	0.222^{**} (2.237)	0.231^{**} (2.326)	0.228^{**} (2.339)	0.225^{**} (2.259)	0.237^{**} (2.366)	0.229 (2.328)

续表

变量	(1)	(2)	(3)	(4)	(5)	(6)
Roa	1. 169 * (1. 777)	1. 150 * (1. 747)	1. 267 * (1. 954)	1. 163 * (1. 765)	1. 149 * (1. 741)	1. 252 * (1. 926)
Lev	0. 413 (1. 164)	0. 485 (1. 365)	0. 449 (1. 284)	0. 424 (1. 190)	0. 495 (1. 389)	0. 451 (1. 287)
Grow	− 0. 050 (− 0. 758)	− 0. 058 (− 0. 868)	− 0. 062 (− 0. 954)	0. 051 (− 0. 775)	− 0. 057 (− 0. 861)	− 0. 062 (− 0. 955)
Constant	1. 631 (0. 706)	5. 140 ** (2. 355)	4. 970 ** (2. 313)	1. 776 (0. 763)	5. 251 ** (2. 393)	4. 959 ** (2. 297)
Ind/Year	Yes	Yes	Yes	Yes	Yes	Yes
Within R^2	0. 167	0. 161	0. 172	0. 175	0. 170	0. 162
F 检验	2. 65 ***	2. 56 ***	2. 67 ***	2. 90 ***	2. 76 ***	2. 93 ***
BP 检验	95. 16 ***	97. 37 ***	94. 77 ***	91. 68 ***	87. 90 ***	91. 82 ***
Hausman Chi 值	27. 16	37. 58	23. 42	27. 80	37. 05	24. 29
P 值	0. 000	0. 000	0. 007	0. 0002	0. 000	0. 000
N	2028	2028	2028	2028	2028	2028

注：***、**、* 分别表示在 1%、5%、10% 的水平上显著；列（1）~列（3）检验假设 6 - 1，列（4）~列（6）检验假设 6 - 2；P 值为 Hausman 检验结果的 P 值，均采用固定效应模型。

表 6 - 10　　　　　　　　　2015 ~ 2018 年样本组的回归检验

变量	(1)	(2)	(3)	(4)	(5)	(6)
Sep				− 3. 158 *** (− 2. 982)	− 1. 031 ** (− 2. 139)	− 0. 696 * (− 1. 829)
Mar	0. 273 *** (3. 916)			0. 175 *** (3. 863)		
Law		0. 686 *** (4. 375)			0. 629 *** (3. 812)	
Gov			1. 392 *** (7. 528)			1. 418 *** (5. 503)

变量	（1）	（2）	（3）	（4）	（5）	（6）
Sep × Mar				0.383 ** （2.698）		
Sep × Law					2.361 ** （2.509）	
Sep × Gov						1.022 * （1.785）
Size	0.206 *** （3.633）	0.218 *** （3.271）	0.209 *** （3.573）	0.216 *** （3.804）	0.212 *** （3.733）	0.221 *** （3.728）
Roa	0.219 （0.539）	0.216 （0.542）	0.214 （0.527）	0.174 （0.429）	0.183 （0.450）	0.196 （0.481）
Lev	0.092 （0.397）	0.089 （0.385）	0.095 （0.398）	0.091 （0.392）	0.076 （0.326）	0.085 （0.370）
Grow	−0.070 （−1.429）	−0.069 （−1.422）	0.066 （−1.334）	−0.074 （−1.511）	−0.075 （−1.523）	−0.073 （−1.485）
Constant	−3.691 （−1.400）	−4.129 *** （−3.074）	−4.379 *** （−3.263）	−3.460 （−1.313）	−4.202 *** （−3.124）	−4.472 *** （−3.328）
Ind/Year	Yes	Yes	Yes	Yes	Yes	Yes
Within R^2	0.170	0.164	0.169	0.171	0.166	0.156
F 检验	2.74 ***	2.49 ***	2.82 ***	2.73 ***	2.71 ***	2.83 ***
BP 检验	360.19 ***	360.44 ***	343.76 ***	350.43	351.74	333.27 ***
Hausman Chi 值	30.11	42.06	29.58	30.38	40.87	28.15
P 值	0.000	0.000	0.000	0.000	0.000	0.001
N	2704	2704	2704	2704	2704	2704

注：*** 、** 、* 分别表示在 1% 、5% 、10% 的水平上显著；列（1）~列（3）检验假设 6 - 1，列（4）~列（6）检验假设 6 - 2；P 值为 Hausman 检验结果的 P 值，均采用固定效应模型。

第五节　本章小结

本章以 2012～2018 年重污染行业上市公司连续七年的平衡面板数据为

样本，理论推演并实证检验制度环境对企业环境治理的影响，以及制度环境在现金流量权与控制权的两权分离与企业环境治理关系中的调节作用。研究结果发现，良好的制度环境对企业环境治理具有积极的促进作用，企业所处地区的市场化程度越高，法治环境越完善，政府干预越少，企业环境治理投入越多；制度环境对两权分离与企业环境治理二者负向关系具有显著的缓解作用，无论是市场化总指数层面反映的制度环境，还是法治环境或政府干预分项层面反映的制度环境，均能有效弱化两权分离与企业环境治理之间的负向关系。

　　本章研究结论具有一定的政策启示意义。良好的制度环境不仅能够促进企业提升环境治理水平，而且能够有效缓解两权分离对企业环境治理的负面影响。因此，一方面，政府主管部门在完善环保法律及中小股东权益保护的同时，要设法提高法律制度的执行效率及执行力度，尽量减少地方政府对企业的经营干预，纠正地方政府热衷于干预企业的生产投资而轻环保监管的现象；另一方面，政府监管部门需要严厉惩罚污染环境的企业，同时鼓励企业开展清洁环保生产的技术创新及升级，对环保投入多的企业提供减税、降息、环保资金奖励或补助等多种形式的经济补贴，加大对企业环保治理项目的扶持力度，引导企业重视并保护生态环境。

第七章

企业环境治理与企业价值关系研究

第三章~第六章从企业微观层面的企业特征、董事会特征、终极所有权结构，中观层面的行业竞争属性以及宏观层面的制度环境，理论分析并实证探讨了企业环境治理的影响因素。本章及第八章将开展企业环境治理的经济后果研究，本章拟从企业价值的角度，理论分析并实证检验企业环境治理的经济后果。

第一节　问题提出

企业环境治理与企业价值（或企业绩效）[①]关系一直是学术界与实务界争论不休的主题，国内外许多学者对此进行了实证检验，得出差异很大甚至是完全相反的结论。尼赫特（Nehrt，1996）、吉姆和斯塔特曼（Kim and Statman，2012）、焦捷等（2018）、吴梦云和张林荣（2018）、李桂荣

---

① 通常，企业价值主要采用托宾 Q 值，而企业绩效主要采用净资产收益率（ROE）和资产报酬率（ROA）进行度量，这样可以比较好地反映其概念内涵。但由于已有研究在企业价值和企业绩效度量方面，经常采用相同的度量方式，比如，邵帅和吕长江（2015）、李英利和谭梦卓（2019）、甄红线等（2021）分别用托宾 Q 和 ROE（或 ROA）衡量企业价值，而安德森和里布（Anderson and Reeb，2003）、艾沙耶德和佩顿（Elsayed and Paton，2005）、埃瓦塔和欧卡达（Iwata and Okada，2011）、陈琪（2019）分别用托宾 Q 和 ROE（或 ROA）衡量企业绩效。此外，一些学者对企业绩效衡量方法不是首选 ROE 或 ROA，而是选择托宾 Q，例如，兰格和斯塔尔兹（Lang and Stulz，1994）等采用托宾 Q 衡量企业绩效；还有一些学者对企业价值衡量方法不是首选托宾 Q，而是选择 ROE 或 ROA，比如，辛琳和张萌（2018）、易玄等（2021）采用 ROE 和 ROA 衡量企业价值。因此，本书对企业价值与企业绩效并不做严格的区分。

等（2019）基于波特理论假说，克拉克森等（Clarkson et al.，2011）、乔治等（Jorge et al.，2015）基于资源基础论假说，得出企业环境治理与企业价值正相关的结论。然而，贾吉和弗里德曼（Jaggi and Freedman，1992）、苏依佑希和戈托（Sueyoshi and Goto，2009）、马可尼等（Makni et al.，2009）、姜英兵和崔广慧（2019）等基于企业环境治理与经济效益不可兼顾的权衡理论，得出二者负相关的相反结论。还有一些学者研究发现，企业环境治理与企业价值不存在显著的关系（Watson et al.，2004；Elsayed and Paton，2005；Iwata and Okada，2011）。已有研究结论不一致的原因，可归因于研究变量（因变量或自变量）的不同测量方式、样本量大小、样本行业或样本的国别差异、不同的模型设定以及没有考虑反向因果关系的内生性问题（Ambec and Lanoie，2008；Busch and Hoffmann，2011；Trumpp and Guenther，2017）。这些问题导致最终可能得出有误或有偏的结论。

以上是学者们对企业环境治理与企业价值二者进行直接的线性关系研究。特鲁姆普和冈瑟（Trumpp and Guenther，2017）、佩科维奇等（Pekovic et al.，2018）、陈琪（2019）等学者认为，企业环境治理与企业价值之间并非是一种简单的线性关系，而是非线性的关系。如藤井等（2013）、张萃和伍双霞（2017）、佩科维奇等（2018）基于 TMGT 效应理论假说，研究发现，企业环境治理与企业价值呈非线性的倒"U"型关系，即企业环境治理投入存在一个最优临界点，当低于最优临界点之前，企业环境治理与企业价值正相关，而当企业环保投资超过最优临界点之后，企业环境治理投入过多，导致环境治理成本大于环境收益，从而使企业环境治理与企业价值负相关。然而，与藤井（2013）等的结论相反，特鲁姆普和冈瑟（2017）、陈琪（2019）、张国清等（2020）基于 TLGT 效应理论假说，研究发现，企业环境治理与企业价值之间是一种"U"型的关系，即企业环境治理对企业价值的正向影响存在一定"门槛"，当企业环境治理低于门槛界限，企业环境治理与企业价值负相关，而只有超过"门槛"界限后，企业环境治理才能与企业价值正相关。

尽管已有许多学者研究企业环境治理与企业价值的关系，但鉴于二者正相关、负相关、"U"型与倒"U"型等多种关系并存的不一致研究结论，企业环境治理与企业价值关系尚待进一步梳理。已有研究所得出企业环境治理与企业价值正相关的结论，主要是基于短期的研究方法，即从短期的角度考察当期企业环境治理与当期企业价值的线性关系。本书认为，企业环境治理与企业价值当期正相关的结论不大符合多数企业的现实情况，因为如果当期企业环境治理就能够改善当期企业价值，那么企业就会有很大动力从事环境治理活动。然而，无论是国外还是国内企业恰好与之相反，现实的情况是企业积极主动开展环境治理的意愿较低（Clarkson and Richardson，2004；Orsato，2006；崔广慧和姜英兵，2019），并且频频出现企业环境污染的事件。因此，企业环境治理短期内对企业带来更多的是成本的可能性较大，而从长期来看，企业环境治理是否有利于提升企业价值，这是本章要探讨的核心主题。已有研究鲜有文献采用短期与长期相结合的角度来考察企业环境治理对企业价值的影响。由此，基于已有研究的不足，本章以 2012～2018 年我国重污染行业的上市公司为样本，探讨企业环境治理与企业价值的短期与长期关系，以期从企业价值的角度，考察企业环境治理能够给企业带来怎样的经济后果。

第二节　理论分析与研究假设

企业环境治理具有投资周期长、成本高及正外部性的特征（崔广慧和姜英兵，2019）。企业将有限的资金用于引进昂贵的环保设备及清洁生产技术、兴建投资周期长的污染控制及防治处理工程项目[①]，其初期的大笔资金支出会挤占生产经营资金，加大企业的经营负担，进而增加企业的生产成本（Clarkson and Richardson，2004），对企业短期内的生产效率带来负面的影响（Gray and Shadbegian，1993）。另外，企业环境治理所形成的企业声誉是一种无形资产，这种难以被市场有效辨别的无形资产的价值在

[①]　例如，根据《2018 年度南钢股份社会责任报告》，南钢股份全面开展 50 项重点环保技术改造项目，在建环保项目投资总计高达 15 亿元。

短期内容易被资本市场所低估（Cai and He，2014），从而限制了企业环境治理对价值创造的短期促进空间。因此，从短期来看，企业环境治理的主要受益方是社会而非企业（张琦等，2019）。这对于一些偏好当前确定性收益与企业自身经济效益的管理者而言，就不难理解他们所从事的环境治理主要是应付环境规制的被动投入，不愿主动将有限的资金用于短期经济效益低且未来不确定性大的环保投资（Orsato，2006；宋马林和王舒鸿，2013）。贾吉和弗里德曼（1992）、苏依佑希和戈托（2009）、马可尼等（2009）、姜英兵和崔广慧（2019）等基于企业环境治理与企业价值二者同期关系的实证检验，得出负相关的结论，反映了企业环境治理在短期内不利于企业价值创造。

从长期来看，企业环境治理是否也一直不利于企业价值创造呢？如果企业环境治理对企业长期而言也是成本高于收益，那么理性的企业自然会减少环境治理的投入，投资者也会倾向不选择环境治理投入多的企业作为投资对象。根据蔡和何（2014）从美国 KLD 数据库所获取的环境绩效评级数据统计显示，投资者所开展的绿色投资在过去 20 年里（特别是 2001 年以来）一直在快速增长，与此同时，向绿色转型的企业数量也在不断增多（其数据详见附录 3 的 "1992～2011 年环境责任表现评级高的企业数量统计情况"），从中反映企业环境治理可能有利于企业长期价值的创造。波特和林德（Porter and Linde，1995）认为，环境污染是企业对资源的无效率使用，是资源浪费的一种形式，并指出企业可以通过废弃物回收利用、生产过程改进、绿色产品研发等创新性做法，来提高资源生产力，实现企业与环境的双赢。波特和林德（1995）采取案例列举的方法，说明企业如何通过环境治理创新的做法，提高资源生产力及企业竞争力。比如，法国罗纳普朗克公司，其生产尼龙的副产品通常被焚化处理，这样会带来环境污染，后来该公司投资 7600 万法郎，安装新的设备对尼龙的副产品二价酸化合物进行回收利用，使原本是废料的二价酸化合物转变成染料和制革的添加剂与凝结剂进行销售，为公司每年增加了 2100 余万法郎的收入。又如位于美国马萨诸塞州的热电集团在诸多竞争者当中，率先发展出新的脱墨技术，使企业能够更广泛地使用再生纸，减少浪费，提高资源利用效率，降低生产成本。我国上市公司中也有不少企业采取类似的做法，例如，上海氯碱化工每年开展的节能减排项目，为企业带来可观的收入。以 2017 年为例，氯碱化工实施一期盐酸合成炉余热回收综合利用等 6 项节能减排项目，为企业直接创造了 2000 万元的经济效益。以上这些实践例子说明企业环境治理并不仅仅只是一种成本投入，同时也能给企业带来直接经济效益的产出。然而，一方面，企业环境治理在期初需要耗费大量的资金支出，以及其无形资产属性容易被资本市场低估；另一方面，无论是绿色口碑和企业声誉的建立，还是企业环境治理信息的披露，都需要经历一定的时间过程，花费一定的成本（张弛等，2020）。因此，企业环境治理对企业价值创造的积极影响可能存在滞后性，在短期内，企业环境治理经济效益可能很难有效补偿高额环境治理成本支出。而从长期来看，节能减排、变废为宝的回收利用和环境违规费用的减少，以及随着时间的推移，企业环境治理绩效被外部所逐渐了解，其无形资产短期被低估的价值在未来能够得到市场纠正，并得以纳入企业的股票价格，体现其完整价值（Cai and He，2014），这些均能有助于促进企业长期价值的创造，从而就有可能使企业从环境治理获得超额的长期回报。

一些相关的实证研究从侧面反映了企业环境治理很可能对企业价值的提升作用具有滞后性。蔡和何（Cai and He，2014）以来自美国 KLD 数据库的样本数据，从长期的角度，实证检验环境责任对企业长期股票收益的影响，发现当年的企业环境责任直到未来第 4 年才能给企业带来超额收益，这种超额收益从第 4 年起一直持续至第 7 年。李维安等（2019）基于 2017 年发布企业社会责任报告的 712 家上市公司样本，实证结果表明，绿色治理指数更高的上市公司在短期内虽然没有获得盈利能力的改善，但是这些公司获得了更高的成长能力、更低的风险承担水平、更为宽松的融资约束以及更高的长期价值，他们发现，从长期来看，绿色治理给上市公司带来了更高的市场价值。

基于以上分析，本章认为，企业环境治理对企业价值的提升效应具有滞后性，短期而言，企业环境治理不利于企业价值创造，而从长期而言，企业环境治理有利于提升未来的企业价值。由此，本章提出如下两个研究

假设:

假设 7 - 1:当期企业环境治理负向影响当期企业价值。

假设 7 - 2:企业环境治理正向影响未来的企业价值,即企业环境治理对企业价值提升具有滞后性,从长期来看,企业环境治理有利于促进企业价值创造。

第三节 研 究 设 计

一、样 本 选 择 与 数 据 来 源

为确保前后文样本数据研究期间的一致性,本章及第八章有关企业环境治理经济后果的实证研究,与前面几章有关企业环境治理影响因素的研究样本期间相同,即选取 2012~2018 年重污染行业的深沪上市公司作为初始研究样本。在剔除 ST 或 PT 类、样本期间行业性质由重污染行业变成非重污染行业或从非重污染行业变成重污染行业、变量数据缺失这三类初始样本之后,本章最终得到 575 家重污染行业上市公司 2012~2018 年连续七年的平衡面板数据,有效观测值为 4025 个[①]。

样本数据的获取主要通过以下途径:(1)企业环境治理变量数据来自上市公司年报,从上市公司年报的在建工程科目注释中,手工收集样本公司当期环保投资项目增加额来获取表征企业环境治理变量的环境资本支出数据;(2)企业价值及控制变量的数据来自国泰安 CSMAR 数据库。为避免研究变量极端异常值对研究结果的影响,对连续变量进行上下 1% 的 Winsorize 缩尾处理。

---

① 因企业价值(采用托宾 Q 测量)变量数据缺失的样本较多,所以本章样本数或观测值比其他几章明显少了许多。

二、变量定义

（一）被解释变量

本章被解释变量为企业价值（Tbq）。参考李英利和谭梦卓（2019）、高磊等（2020）、唐勇军等（2021）的研究，选取反映企业市场价值的托宾 Q（即 Tobin Q）来衡量企业价值。托宾 Q 等于企业总市值与资产重置成本的比值，其中企业总市值等于流通股市值、非流通股市值与企业负债市值之和，因此，托宾 Q 又可计算为（流通股股数×股价＋非流通股股数×每股净资产＋负债账面价值)/总资产账面价值。托宾 Q 不仅考虑了企业当前的财务情况，而且还考虑了企业未来的市场情况，能够反映资本市场的股价波动，代表了资本市场对企业价值的长期反馈结果，是反映企业价值众多指标中相对客观及常用的一个指标（李九斤等，2015）。

（二）解释变量

本章解释变量为企业环境治理（Env），同前文一致，参考赵阳等（2019）、胡珺等（2019）、翟华云和刘亚伟（2019）、蔡春等（2021）等的做法，采用企业环境资本支出作为代理变量，在主检验中，为控制企业规模对环境资本支出的影响，采用期末总资产对环境资本支出进行标准化处理后，再乘以 100 来度量。而在稳健性检验中，企业环境治理采用环境资本支出加 1 再取自然对数的度量方法。

（三）控制变量

参考普拉姆利等（Plumlee et al.，2015）、何瑛和张大伟（2015）、李英利和谭梦卓（2019）、高磊等（2020）的研究，本章选取以下变量作为控制变量：企业规模（$Size$）、财务杠杆（Lev）、产权性质（$State$）①、股权

---

① "产权性质"变量的度量方式与第四章的"最终控制人性质"变量以及第五章的"终极控制股东的类型"变量的度量方法相同。

集中度（*Top*1）、企业成长性（*Grow*）、现金持有（*Cash*）、企业年龄（*Age*）。此外，还选择行业（*Ind*）和年度（*Year*）两个虚拟变量来控制行业与年度效应。具体研究变量定义如表 7 – 1 所示。

表 7 – 1　　　　　　　　　　变量定义及说明

变量类型	变量名称	变量符号	变量说明
被解释变量	企业价值	*Tbq*	（流通股股数×每股价格＋非流通股股数×每股净资产＋负债账面价值）/总资产账面价值
解释变量	企业环境治理	*Env*	（环境资本支出增加额/期末总资产）×100
控制变量	企业规模	*Size*	期末总资产的自然对数
	财务杠杆	*Lev*	资产负债率＝期末总负债/期末总资产
	产权性质	*State*	国有控股取值为1，否则为0
	股权集中度	*Top*1	第一大股东持股比例
	企业成长性	*Grow*	（当年营业收入－上年营业增长收入）/上年营业收入
	现金持有	*Cash*	期末现金及现金等价物余额/期末总资产
	企业年龄	*Age*	*Ln*（当年年份－企业注册年份＋1）
	行业虚拟变量	*Ind*	8 个行业，设置 7 个行业虚拟变量
	时间虚拟变量	*Year*	7 个年度，设置 6 个时间虚拟变量

三、模型构建

根据前文的理论分析，本章构建如下模型对各研究假设进行检验：

第一，为了检验假设 7 – 1，本章构建回归模型（7 – 1）：

$$Tbq_{i,t} = \alpha + \beta_1 Env_{i,t} + \beta_2 Size_{i,t} + \beta_3 Lev_{i,t} + \beta_4 State_{i,t} + \beta_5 Top1_{i,t}$$

$$+ \beta_6 Grow_{i,t} + \beta_7 Cash_{i,t} + \beta_8 Age_{i,t} + \lambda \sum_{k=1}^{7} Ind_k$$

$$+ \eta \sum_{y=1}^{6} Year_y + \varepsilon_{i,t} \tag{7-1}$$

在模型（7 – 1）中，$i = 1, 2, \cdots, N$（$N = 575$）；$t = 2012, 2013, \cdots,$

2018（共 7 个年度）；Env 为企业环境治理，$Size$ 为企业规模，Lev 为财务杠杆，$State$ 为产权性质，$Top1$ 为股权集中度，$Grow$ 为企业成长性，$Cash$ 为现金持有，Age 为企业年龄；α 为截距项；β_1，β_2，$\cdots$，β_8 为变量回归系数；λ 和 η 为回归系数向量；ε_{it} 为误差项，包括不可观测的个体效应和纯粹的随机误差项两个部分。

第二，为了检验假设 7-2，本章构建回归模型（7-2）：

$$Tbq_{i,t} = \alpha + \beta_1 Env_{i,t-j} + \beta_2 Size_{i,t} + \beta_3 Lev_{i,t} + \beta_4 State_{i,t} + \beta_5 Top1_{i,t}$$

$$+ \beta_6 Grow_{i,t} + \beta_7 Cash_{i,t} + \beta_8 Age_{i,t} + \lambda \sum_{k=1}^{7} Ind_k$$

$$+ \eta \sum_{y=1}^{6} Year_y + \varepsilon_{i,t} \tag{7-2}$$

模型（7-2）与模型（7-1）不同之处主要表现在两个方面：第一，模型（7-2）对企业环境治理（Env）引入滞后期数 j（$j=1$，2，3），通过分别使用滞后一期、滞后二期、滞后三期的企业环境治理作为解释变量，从长期的角度来观察企业环境治理对未来企业价值影响的变化差异；第二，模型（7-2）与模型（7-1）所构建的面板数据模型期数不一样，当滞后期数为 1，模型（7-2）的样本期数比模型（7-1）的样本期数少 1 期；当滞后期数为 2，模型（7-2）的样本期数比模型（7-1）少 2 期；当滞后期数为 3，模型（7-2）的样本期数比模型（7-1）少 3 期。

第四节　实证检验与结果分析

一、描述性统计分析

本章收集了 2012～2018 年可连续获取数据的重污染行业深沪上市公司样本，共 4025 个样本观测值，对研究变量的数据进行描述性统计分析，具体情况如表 7-2 所示。可以看出，企业价值（Tbq）的均值为 1.998，1/4 分位数为 1.194，说明 75% 以上我国重污染行业上市公司的市场价值超过其账面价值。企业环境治理（Env）的均值为 0.529，中位数为 0，说明总体上重污染行业上市公司环境治理水平偏低，从事环境治理的企业数量也偏少。企业规模（$Size$）、财务杠杆（Lev）的均值分别为 22.461 和 0.431。产权性质（$State$）的均值为 0.484，说明国有控股的企业数量占比为 48.4%。股权集中度（$Top1$）的均值为 0.368，最大值为 0.771，最小值为 0.107。企业成长性（$Grow$）的均值为 0.126，最大值和最小值分别为 1.698 和 -0.459，说明样本企业间的成长能力存在较大的差异。现金持有（$Cash$）的均值为 0.135，最大值为 0.556，最小值为 0.009。经自然对数取值后的企业年龄（Age）的均值为 2.844，其最大值和最小值分别为 3.367 和 1.792。

表 7 - 2　　　　　　　　　　　　主要变量描述性统计

变量	样本数	均值	标准差	$P25$	中位数	$P75$	最小值	最大值
Tbq	4025	1.998	1.225	1.194	1.575	2.325	0.870	7.423
Env	4025	0.529	0.972	0	0	0.928	0	6.536
$Size$	4025	22.461	1.298	21.555	22.250	23.274	20.130	26.314
Lev	4025	0.431	0.208	0.264	0.426	0.589	0.047	0.910
$State$	4025	0.484	0.499	0	0	1	0	1
$Top1$	4025	0.368	0.148	0.256	0.353	0.471	0.107	0.771
$Grow$	4025	0.126	0.303	-0.035	0.086	0.220	-0.459	1.698
$Cash$	4025	0.135	0.113	0.056	0.100	0.177	0.009	0.556
Age	4025	2.844	0.304	2.708	2.890	3.045	1.792	3.367

二、回归结果分析

（一）当期企业环境治理与当期企业价值关系

本章第一个研究假设 7 - 1 涉及的是当期企业环境治理与当期企业价值关系检验，根据前文构建的模型（7 - 1），通过 F 检验、BP 检验、Hausman 检验，最终选择固定效应模型估计方法，对研究样本进行回归检验。回归结果如表7-3所示。

表7-3　　　　当期企业环境治理与当期企业价值关系的回归结果

变量	系数	T 值
Env	-0.029	-1.018
Size	-0.672***	-17.043
Lev	0.519***	3.803
State	-0.646***	-4.547
Top1	-1.319***	-5.814
Grow	0.183***	4.717
Cash	0.151	0.957
Age	1.198***	4.306
Constant	13.713***	12.158
Year/Ind	Yes	
Within R^2/F 值	Within R^2 = 0.329	$F_{(14, 3436)}$ = 120.49***
F 检验	$F_{(574, 3436)}$ = 9.84***	Prob > F = 0.000
BP 检验	Chi2(1) = 3023.32***	Prob > Chi2 = 0.000
Hausman 检验	Chi2(8) = 153.41***	Prob > Chi2 = 0.000

注：*** 表示在1%的水平上显著；样本数（N）为4025个。

从表7-3可以看出，当期企业环境治理（Env）的回归系数为负，但统计上不显著，说明当期企业环境治理对当期企业价值没有产生显著的影响。因此，本章研究假设7-1没有通过验证。分析当期企业环境治理的回归系数为负但不显著的原因，有可能是尽管一些企业从事环境治理，加重了短期的成本负担，不利于企业价值创造，但研究样本中也存在一些与之情况相反的企业，它们对环境治理采取创新性的措施，显著提升了资源生产率及市场竞争力，从而使全样本的当期企业环境治理对当期企业价值没有产生显著的负向影响。在控制变量方面，除现金持有（Cash）之外，其他变量与企业价值都具有显著的关系。企业规模（Size）回归系数为

－0.672，在1%的水平上显著，说明随着企业规模的扩大，重污染行业企业应变内外部环境变化的能力变差，容易患上"大企业病"，导致管理低效，降低企业价值。财务杠杆（Lev）的系数为0.519，在1%的水平上显著，与何瑛和张大伟（2015）的结论相同，说明财务杠杆有助于提升企业价值。产权性质（State）系数显著为负，说明与非国有控股企业相比，国有控股企业的市场价值更低。股权集中度（Top1）系数显著为负，说明第一大股东持股比例负向影响企业价值。企业成长性（Grow）和企业年龄（Age）的回归系数均显著为正，说明企业成长能力和企业年龄均正向影响企业价值。

（二）企业环境治理与未来期数的企业价值关系

研究假设7-2涉及的是企业环境治理滞后效应的检验，通过考察不同滞后期数的企业环境治理对企业价值的影响差异变化，分析企业环境治理与未来期数的企业价值关系。根据前文构建的模型（7-2），通过F检验、BP检验、Hausman检验，最终选择固定效应模型估计方法进行回归检验，发现滞后二期及滞后三期的企业环境治理对企业价值能够产生正向影响，具体回归结果如表7-4所示。

表7-4　　企业环境治理与未来期数的企业价值关系的回归结果

变量	滞后一期（Env_{t-1}）	滞后二期（Env_{t-2}）	滞后三期（Env_{t-3}）
Env_{t-j}	0.010 (0.795)	0.004 * (1.783)	0.019 ** (2.290)
Size	－0.680 *** (－14.775)	－0.698 *** (－12.055)	－0.711 *** (－8.960)
Lev	0.373 *** (2.477)	0.413 ** (2.325)	0.246 (1.089)
State	－0.559 *** (－3.377)	－0.538 *** (－2.894)	－0.500 ** (－2.232)
Top1	－1.199 *** (－4.652)	－1.154 *** (－3.627)	－1.029 ** (－2.288)

变量	滞后一期（Env_{t-1}）	滞后二期（Env_{t-2}）	滞后三期（Env_{t-3}）
Grow	0.144 *** (3.431)	0.107 ** (2.288)	0.097 * (1.783)
Cash	0.704 *** (3.816)	0.939 *** (4.287)	0.812 *** (2.922)
Age	0.698 * (1.961)	0.019 (0.039)	−1.170 (−1.592)
Constant	15.289 *** (11.012)	17.685 *** (9.601)	21.572 *** (8.088)
Year/Ind	Yes	Yes	Yes
Within R^2	0.342	0.355	0.394
F 检验	9.18 ***	8.15 ***	7.03 ***
BP 检验	2468.89 ***	1769.26 ***	1131.64 ***
Hausman Chi 值	92.00	69.67	49.60
P 值	0.000	0.000	0.000
N	3450	2875	2300

注：***、**、*分别表示在1%、5%、10%的水平上显著；括号上为回归系数，括号内为 t 值，P 值为 Hausman 检验结果的 P 值；N 为样本观测值。

从表7-4可以看出，滞后一期的企业环境治理回归系数开始变为正数，即0.010，但统计上不显著；滞后二期及滞后三期的企业环境治理系数分别在10%和5%的水平上显著为正数，表明企业环境治理对企业价值的提升作用存在滞后效应，滞后两期及以上的企业环境治理能够正向影响企业价值。结合前文的当期关系检验的结果，说明短期上（当期及滞后一期），企业环境治理不会降低企业价值，也未能给企业带来显著收益；而长期而言（滞后二期或滞后三期），企业环境治理能够有助于提升未来企业价值，因此，本章研究假设7-2得到验证。

三、稳健性检验

为了得出可靠的研究结论，本章采取如下替换研究变量测量方法的稳健性检验。

（一）替换企业环境治理测量方法

参考胡珺等（2019）、翟华云和刘亚伟（2019）的做法，企业环境治理采用环境资本支出加 1 的自然对数进行度量，对本章构建的回归模型进行重新检验，结果如表 7 - 5 所示。

表 7 - 5　　　　　替换企业环境治理变量测量的稳健性检验

变量	当期（Env）	滞后一期 （Env_{t-1}）	滞后二期 （Env_{t-2}）	滞后三期 （Env_{t-3}）
Env	-0.003 (-1.172)			
Env_{t-j}		0.0006 (0.416)	0.0003 * (1.878)	0.002 ** (2.233)
$Size$	-0.678 *** (-17.142)	-0.682 *** (-14.767)	-0.702 *** (-12.061)	-0.715 *** (-8.979)
Lev	0.528 *** (3.856)	0.377 ** (2.491)	0.425 ** (2.380)	0.267 (1.174)
$State$	-0.647 *** (-4.543)	-0.560 *** (-3.375)	-0.537 *** (-2.875)	-0.502 ** (-2.214)
$Top1$	-1.313 *** (-5.770)	-1.181 *** (-4.565)	-1.132 *** (-3.542)	-0.963 ** (-2.129)
$Grow$	0.188 *** (4.829)	0.149 *** (3.518)	0.117 ** (2.490)	0.107 * (1.965)
$Cash$	0.150 (0.944)	0.694 *** (3.752)	0.936 *** (4.257)	0.836 *** (3.003)

续表

变量	当期（Env)	滞后一期 (Env_{t-1})	滞后二期 (Env_{t-2})	滞后三期 (Env_{t-3})
Age	1.237 *** (4.434)	0.741 ** (2.075)	0.046 (0.093)	−1.158 (−1.569)
$Constant$	13.730 *** (12.132)	15.203 *** (10.916)	17.676 *** (9.553)	21.603 *** (8.061)
$Year/Ind$	Yes	Yes	Yes	Yes
Within R^2	0.327	0.340	0.352	0.390
F 检验	9.87 ***	9.22 ***	8.13 ***	6.98 ***
BP 检验	3029.51 ***	2479.74 ***	1764.31 ***	1121.05 ***
Hausman Chi 值	154.90	91.36	70.07	52.45
P 值	0.000	0.000	0.000	0.000
N	4025	3450	2875	2300

注：***、**、*分别表示在1%、5%、10%的水平上显著；括号上为回归系数，括号内为 t 值，P 值为 Hausman 检验结果的 P 值；N 为样本观测值；通过 F 检验、BP 检验、Hausman 检验，均采用固定效应模型。

表7-5 的"当期（Env)"所在列为当期企业环境治理与当期企业价值关系的检验结果，"滞后一期（Env_{t-1})"所在列为滞后一期的企业环境治理与当期企业价值关系的检验，"滞后二期（Env_{t-2})"所在列为滞后二期的企业环境治理与当期企业价值关系的检验，"滞后三期（Env_{t-3})"所在列为滞后三期的企业环境治理与当期企业价值关系的检验。从表7-5可以看出，解释变量（企业环境治理）采用了新的计算方法，重新检验的结果与前文基本一致，当期、滞后一期的企业环境治理与企业价值关系不显著，而滞后二期、滞后三期的企业环境治理与企业价值均呈显著的正相关性。

（二）替换企业价值测量方法

企业价值在前面主检验中采用托宾 Q 测量，其计算公式为企业总市值与总资产的比值。而在稳健性检验中，托宾 Q 采用另外一种计算方法。参考董小红等（2017）、朱艳丽等（2019）、宋玉禄和陈欣（2020）的做法，对托宾 Q 值采用企业总市值与有形资产的比值计算，即托宾 Q（Tbq）＝企业总市值/（总资产账面价值－无形资产净额－商誉净额），然后再对模型（7－1）和模型（7－2）重新做回归检验，结果如 7－6 所示。从表 7－6 可以看出，替换企业价值测量方法的稳健性检验结果与前文结论并无本质上的差异，说明本章得出的结论具有较强的稳健性。

表7－6　　　　　　　　　替换企业价值变量测量的稳健性检验

变量	当期（Env）	滞后一期（Env_{t-1}）	滞后二期（Env_{t-2}）	滞后三期（Env_{t-3}）
Env	− 0.028 （− 1.207）			
Env_{t-j}		0.012 （0.853）	0.002 * （1.949）	0.017 ** （2.196）
$Size$	− 0.613 *** （− 13.833）	− 0.610 *** （− 11.845）	− 0.645 *** （− 9.990）	− 0.687 *** （− 7.835）
Lev	0.547 *** （3.570）	0.410 ** （2.431）	0.510 ** （2.574）	0.358 （1.433）
$State$	− 0.738 *** （− 4.622）	− 0.622 *** （− 3.361）	− 0.592 *** （− 2.859）	− 0.535 ** （− 2.162）
$Top1$	− 1.602 *** （− 6.282）	− 1.464 *** （− 5.076）	− 1.453 *** （− 4.096）	− 1.415 *** （− 2.847）
$Grow$	0.233 *** （5.363）	0.190 *** （4.031）	0.154 *** （2.946）	0.133 ** （2.219）
$Cash$	0.296 * （1.670）	0.284 （1.375）	0.527 ** （2.157）	0.464 （1.510）
Age	1.086 *** （3.473）	0.443 （1.114）	− 0.622 （− 1.135）	− 2.474 （− 3.045）
$Constant$	13.034 *** （10.279）	14.751 *** （9.499）	18.689 *** （9.100）	25.249 *** （8.564）
$Year/Ind$	Yes	Yes	Yes	Yes
Within R^2	0.315	0.325	0.340	0.387

变量	当期（Env）	滞后一期（Env_{t-1}）	滞后二期（Env_{t-2}）	滞后三期（Env_{t-3}）
F 检验	10.00 ***	9.60 ***	8.63 ***	7.61 ***
BP 检验	3054.38 ***	2558.28 ***	1840.16 ***	1195.74 ***
Hausman Chi 值	136.73	80.34	70.26	57.33
P 值	0.000	0.000	0.000	0.000
N	4025	3450	2875	2300

注：***、**、*分别表示在1%、5%、10%的水平上显著；括号上为回归系数，括号内为t值，P值为Hausman检验结果的P值；N为样本观测值；通过F检验、BP检验、Hausman检验，均采用固定效应模型。

第五节　企业环境治理与企业价值关系的进一步研究

前文检验结果发现，企业环境治理对企业价值的提升作用存在滞后效应。本章认为，从长期而言，企业环境治理对企业价值除了具有滞后效应之外，可能还具有累积效应，这主要来自两个方面的原因：一方面，企业环境治理具有投资周期长的特点（崔广慧和姜英兵，2019），因此，企业环境治理并不是一蹴而就的活动，而是需要企业不断的持续投入，这样才有可能取得好的环境治理效果，其长期积累的节能减排技术和绿色发展成果等才有可能获得外部利益相关者的一致认可，进而在外界树立起注重环境保护的企业形象，从而有助于促使企业环境治理成本转化成为企业价值创造；另一方面，藤井等（Fujii et al., 2013）指出，企业引入一种更清洁的生产方法可以提高经济效益，但这首先需要企业学习并积累如何减少环境污染的知识和经验。在许多情况下，企业是从它们的日常环境治理活动中逐渐了解到更有效的减少环境污染的方法（Remmen and Lorentzen, 2000）。然而，企业在形成足够的能力来应用清洁生产方法之前，往往需要先使用末端治理的方法来减少环境污染，以做到符合环境法规的基本要求。在此期间，企业采用末端治理方式减少污染排放，经济效益一般会暂时下降，而随着企业获得相关的人力资源、经验和能力来引入清洁生产方法或技术，员工的能力和技术已逐渐积累形成，这使得企业能够更有效地从事环境治理活动，其经济绩效也就能够随着环境绩效的提高而变好，从而使企业持续积累的环境治理成果转化为企业价值创造。此外，企业研发、制造及推广绿色环保产品，也需要有持续的时间投入，才能生产制造出绿色产品，然后借助市场推广及绿色环保口碑的渐积形成，使绿色产品形成企业的竞争优势来源。基于以上分析，本章认为，企业环境治理对企业价值的提升作用可能存在累积效应。

为检验企业环境治理对企业价值提升作用的累积效应，在前文滞后效应模型（7-2）的基础上，参考周春喜和毛悦（2018）的累积效应模型，本章构建如下三个回归模型，即模型（7-3）、模型（7-4）和模型（7-5）。其中，模型（7-3）是用于累积两期（$\sum_{j=0}^{1} Env_{i,t-j}$，即 $Env_{i,t-1} + Env_{i,t}$）的回归检验，而模型（7-4）和模型（7-5）分别用于累积三期（$\sum_{j=0}^{2} Env_{i,t-j}$，即 $Env_{i,t-2} + Env_{i,t-1} + Env_{i,t}$）以及累积四期企业环境治理（$\sum_{j=0}^{3} Env_{i,t-j}$，即 $Env_{i,t-3} + Env_{i,t-2} + Env_{i,t-1} + Env_{i,t}$）的回归检验。

$$
\begin{aligned}
Tbq_{i,t} = {} & \alpha + \beta_1 (Env_{i,t-1} + Env_{i,t}) + \beta_2 Size_{i,t} + \beta_3 Lev_{i,t} + \beta_4 State_{i,t} \\
& + \beta_5 Top1_{i,t} + \beta_6 Grow_{i,t} + \beta_7 Cash_{i,t} + \beta_8 Age_{i,t} + \lambda \sum_{k=1}^{7} Ind_k \\
& + \eta \sum_{y=1}^{6} Year_y + \varepsilon_{i,t}
\end{aligned} \tag{7-3}
$$

$$
\begin{aligned}
Tbq_{i,t} = {} & \alpha + \beta_1 (Env_{i,t-2} + Env_{i,t-1} + Env_{i,t}) + \beta_2 Size_{i,t} + \beta_3 Lev_{i,t} \\
& + \beta_4 State_{i,t} + \beta_5 Top1_{i,t} + \beta_6 Grow_{i,t} + \beta_7 Cash_{i,t} + \beta_8 Age_{i,t} \\
& + \lambda \sum_{k=1}^{7} Ind_k + \eta \sum_{y=1}^{6} Year_y + \varepsilon_{i,t}
\end{aligned} \tag{7-4}
$$

$$
\begin{aligned}
Tbq_{i,t} = {} & \alpha + \beta_1 (Env_{i,t-3} + Env_{i,t-2} + Env_{i,t-1} + Env_{i,t}) + \beta_2 Size_{i,t} \\
& + \beta_3 Lev_{i,t} + \beta_4 State_{i,t} + \beta_5 Top1_{i,t} + \beta_6 Grow_{i,t} + \beta_7 Cash_{i,t} \\
& + \beta_8 Age_{i,t} + \lambda \sum_{k=1}^{7} Ind_k + \eta \sum_{y=1}^{6} Year_y + \varepsilon_{i,t}
\end{aligned} \tag{7-5}
$$

　　以 575 家重污染行业上市公司 2012～2018 年连续七年的平衡面板数据为研究样本，根据模型（7-3）、模型（7-4）和模型（7-5）对其进行回归检验，结果如表 7-7 所示。从表 7-7 可以看出，累积两期企业环境治理（$\sum_{j=0}^{1} Env_{i,t-j}$）的回归系数为 0.005，但统计上不显著，说明累积两期的企业环境治理还未能给企业带来显著的经济后果，但也不会对企业价值带来不利的影响。累积三期企业环境治理（$\sum_{j=0}^{2} Env_{i,t-j}$）的回归系数为 0.011，在 10% 的水平上具有显著性，说明累积三期的企业环境治理对企业价值提升开始发挥累积效应，使企业持续投入的环境治理所带来的经济效益大于其成本支出。累积四期企业环境治理（$\sum_{j=0}^{3} Env_{i,t-j}$）的系数在 5% 的水平上显著为正，并且累积四期的企业环境治理回归系数（0.024）大于累积三期的系数（0.011），说明累积四期的企业环境治理对企业价值的提升作用大于累积三期。因此，从长期而言，企业环境治理对企业价值的正向影响存在显著的累积效应。

表 7-7　　　　　企业环境治理对企业价值的累积效应回归结果

变量	累积两期（$\sum_{j=0}^{1} Env_{i,t-j}$）	累积三期（$\sum_{j=0}^{2} Env_{i,t-j}$）	累积四期（$\sum_{j=0}^{3} Env_{i,t-j}$）
Env	0.005 (1.418)	0.011 * (1.778)	0.024 ** (2.215)
$Size$	-0.618 *** (-13.662)	-0.698 *** (-12.052)	-0.708 *** (-8.926)
Lev	0.356 ** (2.493)	0.415 ** (2.335)	0.247 (1.092)
$State$	-0.565 *** (-3.412)	-0.544 *** (-2.929)	-0.503 ** (-2.244)
$Top1$	-1.185 *** (-4.594)	-1.145 *** (-3.597)	-1.032 *** (-2.294)

续表

变量	累积两期（$\sum\limits_{j=0}^{1} Env_{i,t-j}$）	累积三期（$\sum\limits_{j=0}^{2} Env_{i,t-j}$）	累积四期（$\sum\limits_{j=0}^{3} Env_{i,t-j}$）
Grow	0.132 *** (3.385)	0.107 ** (2.289)	0.097 * (1.785)
Cash	0.699 *** (3.792)	0.943 *** (4.309)	0.835 (3.008)
Age	0.682 * (1.901)	0.009 (0.018)	− 1.196 (− 1.627)
Constant	15.349 *** (11.060)	17.724 *** (9.625)	21.598 *** (8.094)
Year/Ind	Yes	Yes	Yes
Within R^2	0.344	0.355	0.393
F 检验	9.20 ***	8.14 ***	7.01 ***
BP 检验	2464.75 ***	1758.70 ***	1122.47 ***
Hausman Chi 值	94.77	71.97	51.07
P 值	0.000	0.000	0.000
N	3450	2875	2300

注：***、**、*分别表示在1%、5%、10%的水平上显著；括号上为回归系数，括号内为 t 值，P 值为 Hausman 检验结果的 P 值；N 为样本观测值；通过 F 检验、BP 检验、Hausman 检验，均采用固定效应模型。

第六节　本章小结

　　本章以 2012～2018 年重污染行业上市公司所构成的平衡面板数据为研究样本，基于短期和长期的视角，对企业环境治理与企业价值关系进行了实证检验，得出以下研究结论：（1）当期、滞后一期的企业环境治理与当期企业价值关系不显著，说明企业环境治理在经济回报方面不能立竿见影，短期内对企业而言，企业环境治理投入既不会降低企业价值，也无法给企业产生显著的经济效益；（2）滞后二期、滞后三期的企业环境治理正向影响企业价值，说明企业环境治理对企业价值的提升作用存在滞后效应，从长期来看，企业环境治理所产生的经济效益能够抵消成本并超过其支出，进而有助于提升企业价值；（3）累积三期及累积四期的企业环境治理正向影响企业价值，并且累积四期的企业环境治理系数大于累积三期的系数，说明企业环境治理对企业价值的提升作用存在显著的累积效应，企业只有持续投入三期及以上企业环境治理，累积形成企业环境治理经验及其成果，进而才能给企业价值创造带来显著的积极正向影响；（4）从长期角度的企业环境治理的滞后效应及累积效应的检验结果，支持了企业环境治理有助于提升企业价值的波特理论假说。

基于上述研究结论，本章对企业的实践启示是企业环境治理对企业价值的正向影响具有滞后效应和累积效应，企业应该从长远的角度来正确认识企业环境治理对企业价值的影响。短期而言，企业环境治理虽然无法给企业带来直接的积极经济后果，但至少不会显著降低企业价值；长期而言，企业环境治理则能够给企业价值提升带来积极的影响。因此，在当前我国经济向高质量发展转型及当前环境管制日趋严厉的背景下，企业不应逃避或被动地采取环境应对的战略，这样会引发潜在的环境风险隐患，不利于企业的可持续性发展；企业应该将绿色发展作为生存的前提和发展的基础，从长远发展的角度，对环境治理做出积极主动的战略规划及长期部署，逐渐导入清洁生产方法及采取系列变废为宝等环境治理创新措施，使持续投入的企业环境治理非但不会成为企业的成本负担，而是能够转化成为企业竞争优势的源泉，从而实现企业环境效益与经济效益的双赢，进而使企业能够获得可持续性的发展。

第八章

企业环境治理与债务融资成本关系研究

本章从债务融资成本视角，探讨企业环境治理的经济后果。首先，以685家重污染行业上市公司2012～2018年连续七年的平衡面板数据为研究样本（共计4795个观测值），实证检验企业环境治理对债务融资成本的影响；其次，进一步地从产权性质和样本公司所属区域两个方面对企业环境治理与债务融资成本二者关系进行截面异质性分析。

第一节 问 题 提 出

为促进企业绿色转型发展，实现经济高质量可持续增长与生态环境和谐发展目标，我国政府制定了一系列环保政策及制度，其中，绿色信贷政策是一项很重要的措施（王保辉，2019）。绿色信贷政策以行政督导的形式要求金融机构在配置信贷资源时，严控企业贷款的环境风险，引导企业开展环境治理活动。债务融资是企业外部融资的主要方式，其成本高低是企业融资决策所关注的重要问题。在当前我国大力推广绿色信贷背景下，企业环境治理是否能够对债务融资成本产生降低的作用？这是本章要研讨的核心主题，是本书所要探讨的企业环境治理的经济后果的另一个研究视角。

已有相关研究主要从环境信息披露视角探讨其对企业债务融资成本的影响。倪娟和孔令文（2016）、代文和董一楠（2016）、山国利（2018）、管亚梅和肖雪（2019）等多数学者研究发现，环境信息披露与企业债务融资成本负相关。然而，也有少数学者得出相反结论，如姚圣和潘欣远（2018）研究发现，环境信息披露水平与债务融资成本呈正相关关系。而高宏霞等（2018）研究表明，企业环境信息披露质量对债务融资成本的负向影响不显著，他们将环境信息分为货币性和非货币性信息，发现货币性环境信息披露质量对债务融资成本具有显著的负向影响，而非货币性环境信息披露质量对债务融资成本的影响不显著。尽管已有不少学者研究环境信息披露与企业债务融资成本的关系，但环境信息披露与企业环境治理在度量方面存在较大差异，是不同的研究变量，不能简单地把已有的研究结论直接应用于本章研究主题。因此，企业环境治理与债务融资成本的关系尚待检验。基于此，本章拟以重污染行业上市公司 2012～2018 年连续七年平衡面板数据为样本，实证探讨企业环境治理与债务融资成本的关系，以检验企业环境治理行为是否能够给企业带来降低债务融资成本的积极经济后果。

第二节　制度背景与研究假设

一、制度背景

2007 年 7 月 12 日，国家环保总局、中国人民银行和中国银监会联合发布《关于落实环保政策法规防范信贷风险的意见》，要求各级银行监管部门督促商业银行将企业环保守法情况作为授信审查条件，认真落实环保政策，严格执行环保信贷。此文件标志了绿色信贷政策的正式启动。2012年 2 月 24 日，中国银监会发布《绿色信贷指引》，对银行业金融机构开展绿色信贷提出了明确要求，要求金融机构大力促进节能减排和环境保护，从战略高度推进绿色信贷，防范企业环境和社会风险，以此优化信贷结构，更好地服务实体经济。2013 年 5 月 24 日，习近平总书记在中共中央政治局第六次集体学习会议上强调，要坚持节约资源和保护环境基本国策。2015 年 1 月 13 日，为进一步贯彻落实国家节能环保政策要求，中国银监会与国家发改委联合印发《能效信贷指引》，鼓励银行业金融机构为用能单位提高能源利用效率、降低能源消耗提供信贷融资支持。2016 年 8 月 31 日，中国人民银行、财政部等七部委发布《关于构建绿色金融体系的指导意见》，明确提出要大力发展绿色信贷，推动证券市场支持绿色投资，强调大力发展绿色信贷是建立绿色金融体系的主要内容。2017 年 3 月 5 日，李克强总理在政府工作报告中指出，"大力发展绿色金融"是深化金融体制改革的重要工作之一。党的十九大报告亦明确指出，大力推进绿色发展，并把"发展绿色金融"作为推进绿色发展的路径之一。2021 年 2 月，国务院发布《关于加快建立健全绿色低碳循环发展经济体系的指导意见》，指出要大力发展绿色金融，发展绿色信贷和绿色直接融资，加大对金融机构绿色金融业绩评价考核力度。

二、理论分析与研究假设

债务融资与股权融资是企业从外部进行融资的两大渠道。由于我国资本市场尚不完善，企业通过资本市场进行股权融资所受限制较多，因此，债务融资是企业的主要外部融资方式。同时由于我国债券市场不成熟，银行贷款也就成为了企业最主要的融资渠道（刘慧等，2016）。债务融资成本是债权人根据其感知到的债务人偿债风险，对提供给债务人资金所索取的报酬（Hajiha and Sarfaraz，2013）。债务融资成本的高低反映了债务人的信用风险及违约风险的大小（王皓非和钱军，2021）。企业环境治理与经营风险及财务风险通常存在着密切的关系。这是因为企业如果在环境方面管理不力，一旦发生环境事故，将会受到严厉的惩罚及社会公众的谴责，从而对企业的日常运营、未来现金流及盈利性带来很大程度的不良影响。克拉克森等（Clarkson et al.，2008）研究发现，债权人会根据企业环境表现来预测其未来的经营状况和现金流量，进而评价其信贷风险。施奈德（Schneider，2008）认为，污染环境的企业在债务资本市场将会被视为高风险投资，面对日趋严厉的环保法规，环境绩效较差的企业在未来将很有可能会面临环境污染治理而产生巨额环境负债，因此，债权人会对其要求更高的报酬率以补偿环境风险。沙夫曼和费尔南多（Sharfman and Fernando，2008）以标准普尔500指数的267家公司为样本，研究发现企业环境风险管理水平越高，债务融资成本越低。

我国推行的绿色信贷政策将环境风险与信贷风险相结合，把符合环境检测标准、污染治理效果和生态环境保护作为银行信贷审批的重要前提及依据，借助市场机制及政府管制等力量应对企业环境问题，对企业环境治理情况进行监督，使银行等金融机构在进行信贷决策时，充分考虑企业环境责任方面的表现情况（沈洪涛和马正彪，2014；倪娟和孔令文，2016）。在当前推广绿色信贷政策的背景下，企业环境治理成为影响其债务融资活动的重要因素，成为债权人判断企业环境不确定性、预测其未来经营业绩和现金流以及评价信贷风险的重要依据（沈洪涛和马正彪，2014）。绿色信贷政策使不同环境治理表现的企业在从银行等金融机构获取信贷融资时，面临不同的门槛限制及交易成本。环境污染防治、节能减排等方面的环境治理投入越多的企业，在展现良好环境责任表现及更好地获取信贷融资机会的动机下，企业将会在年报或社会责任报告等渠道积极披露环境治理方面的信息，从而能够有效缓解企业与债权人的信息不对称问题，并向债权人传递出企业积极履行环境责任的良好企业公民形象，这将有助于债权人降低对企业环境风险的预估，进而企业就有可能获得规模更大、期限更长及成本更低的债务融资（Sharfman and Fernando，2008；吴红军等，2017）。叶莉和房颖（2020）研究表明，企业环境治理有助于改变银行对重污染行业企业的环境风险评估，降低银行利率定价。而当环境治理投入少或污染排放较多、环境责任表现差时，企业将难以通过银行债权人的信贷审批，由此，企业就会面临更高的融资门槛及更高的债务融资成本（苏冬蔚和连莉莉，2018；王馨和王营，2021）。基于上述分析，本章提出如下假设：

假设8-1：企业环境治理与债务融资成本显著负相关，即企业环境治理有助于降低债务融资成本。

第三节 研究设计

一、样本选择及数据来源

本章选取 2012～2018 年重污染行业的深沪上市公司作为初始研究样本，并对样本进行如下筛选：（1）剔除 ST 或 PT 类的公司；（2）剔除样本期间行业性质由重污染行业变成非重污染行业或从非重污染行业变成重污染行业的样本；（3）剔除研究变量数据缺失的样本。通过上述标准的筛选，最终得到 685 家重污染行业上市公司 2012～2018 年连续七年的平衡面板数据，共计 4795 个观测值。

本章研究变量数据来源如下：（1）企业环境治理变量采用企业当期新增的环境资本支出进行度量，通过手工收集上市公司年报的在建工程科目附注中有关污染防治、节能减排、回收利用等环境治理项目的增加额数据，来获取环境资本支出；（2）其他变量数据来自国泰安 CSMAR 数据库。为控制异常值的影响，对所有连续变量的上下 1% 分位数进行了 Winsorize 缩尾处理。

二、变量定义

（一）被解释变量

本章被解释变量为债务融资成本（*Debtcost*）。参考倪娟和孔令文（2016）、钱雪松等（2019）、王皓非和钱军（2021）的相关研究，在主检验中，债务融资成本采用利息支出在平均负债总额的占比进行度量。同时，在稳健性检验中，采用财务费用与平均负债总额的比值来度量债务融资成本。

（二）解释变量

本章解释变量为企业环境治理（*Env*），参考赵阳等（2019）、胡珺等（2019）、翟华云和刘亚伟（2019）、蔡春（2021）等的度量方法，采用环境资本支出作为代理变量。在主检验中，为控制企业规模对环境资本支出的影响，企业环境治理变量采用期末总资产对环境资本支出进行标准化处理后，再乘以100来度量；而在稳健性检验中，企业环境治理采用环境资本支出加1的自然对数度量方法。

（三）控制变量

为控制其他因素对企业债务融资成本可能带来的影响，参考刘慧等（2016）、高宏霞等（2018）、吴先聪等（2020）、王皓非和钱军（2021）的研究，本章选取企业规模（*Size*）、产权性质（*State*）①、财务杠杆（*Lev*）、盈利能力（*Roa*）、企业成长性（*Grow*）、第一大股东持股比例（*Top*1）、董事会独立性（*Independence*）作为控制变量，并控制了行业（*Ind*）和年度（*Year*）的影响。具体变量定义如表8-1所示。

表8-1　　　　　　　　　　变量定义及说明

变量类型	变量名称	变量符号	变量说明
被解释变量	债务融资成本	*Debtcost*	利息支出/平均负债总额
解释变量	企业环境治理	*Env*	（环境资本支出增加额/期末总资产）×100
控制变量	企业规模	*Size*	期末总资产的自然对数
	产权性质	*State*	国有控股取值为1，否则为0
	财务杠杆	*Lev*	总负债/总资产
	盈利能力	*Roa*	净利润/总资产平均余额
	企业成长性	*Grow*	（当年营业收入 - 上年营业收入）/上年营业收入

---

① "产权性质"变量的度量方式与第四章的"最终控制人性质"变量以及第五章的"终极控制股东的类型"变量的度量方法相同。

续表

变量类型	变量名称	变量符号	变量说明
控制变量	第一大股东持股比例	*Top*1	第一大股东持股数/总股数
	董事会独立性	*Independence*	独立董事人数/董事会总人数
	行业	*Ind*	8 个行业，设置 7 个行业虚拟变量
	时间	*Year*	7 个年度，设置 6 个时间虚拟变量

三、模型构建

为检验企业环境治理与债务融资成本的关系，本章构建如下面板数据回归模型：

$$Debtcost_{it} = \alpha + \beta_1 Env_{it} + \beta_2 Size_{it} + \beta_3 State_{it} + \beta_4 Lev_{it} + \beta_5 Roa_{it}$$

$$+ \beta_6 Grow_{it} + \beta_7 Top1_{it} + \beta_8 Indep_{it} + \lambda \sum_{k=1}^{7} Ind_k$$

$$+ \eta \sum_{y=1}^{6} Year_y + \varepsilon_{it} \qquad (8-1)$$

式（8-1）中，*Debtcost* 表示债务融资成本，*Env* 表示企业环境治理；下角标 *i* 表示第 *i* 家样本公司，$i = 1, 2, \cdots, N$（$N = 685$）；下角标 *t* 表示年份，$t = 2012, 2013, \cdots, 2018$（共 7 个年度）；*Size*、*State*、*Lev*、*Roa*、*Grow*、*Top*1、*Indep*、*Ind*、*Year* 为控制变量，其中 *Size* 为企业规模，*State* 为产权性质，*Lev* 为财务杠杆，*Roa* 为盈利能力，*Grow* 为企业成长性，*Top*1 为第一大股东持股比例，*Independence* 为董事会独立性，*Ind* 为行业虚拟变量，*Year* 为时间虚拟变量；α 为截距项；β_1、β_2、$\cdots$、β_8 为变量回归系数；λ 和 η 为回归系数向量；ε_{it} 为误差项，包括不可观测的个体效应和纯粹的随机误差项两个部分。

第四节　实证检验与结果分析

一、描述性统计分析

表 8 - 2 是本章研究变量的描述性统计结果。从表中可以看出，债务融资成本（*Debtcost*）的均值为 0.025，最小值和最大值分别为 0 和 0.076。经期末总资产标准化后的企业环境治理（*Env*）的均值为 0.517，最大值为 6.356，最小值及中位数均为 0，说明有一半以上的企业没有进行环境投资支出。企业规模（*Size*）的均值为 22.380，最小值和最大值分别为 19.955 和 26.215，说明样本公司的规模差异比较大。产权性质（*State*）的均值为 0.482，说明在总样本中，国有企业所占比例接近一半，其占比为 48.2%。财务杠杆（*Lev*）的均值为 0.434，盈利能力（*Roa*）的均值为 0.040，企业成长性（*Grow*）的均值为 0.140，第一大股东持股比例（*Top*1）的均值为 0.360，这些控制变量的最小值及最大值均存在比较大的差异。董事会独立性（*Independence*）的均值为 0.372，最小值及中位数均为 0.333，说明样本公司都符合独立董事最低占比的基本法律要求，且有半数以上的样本公司独立董事在董事会总人数中是占 1/3 的比例。

表 8 - 2　　　　　　　　主要变量的描述性统计

变量	样本数	均值	标准差	P25	中位数	P75	最小值	最大值
Debtcost	4795	0.025	0.017	0.011	0.025	0.037	0	0.076
Env	4795	0.517	0.949	0	0	0.901	0	6.356
Size	4795	22.380	1.279	21.486	22.186	23.122	19.955	26.215
State	4795	0.482	0.500	0	0	1	0	1

变量	样本数	均值	标准差	$P25$	中位数	$P75$	最小值	最大值
Lev	4795	0.434	0.210	0.267	0.426	0.589	0.046	0.952
Roa	4795	0.040	0.061	0.010	0.035	0.069	- 0.177	0.239
$Grow$	4795	0.140	0.366	- 0.037	0.085	0.223	- 0.506	2.402
$Top1$	4795	0.360	0.146	0.246	0.343	0.458	0.105	0.764
$Independence$	4795	0.372	0.051	0.333	0.333	0.400	0.333	0.571

二、相关性分析

表 8 - 3 为主要变量的 Pearson 相关性分析结果。从中可以看出，企业环境治理（Env）与债务融资成本（$Debtcost$）的相关系数为 - 0.040，且在 1% 的水平上显著，这就初步支持了本章研究假设 8 - 1。本章所选控制变量均与债务融资成本具有显著的相关性。研究变量之间的相关系数的绝对值均小于 0.5，且各研究变量的方差膨胀因子（VIF）在 1.01 ~ 1.70，均小于 2，远低于多重共线性的 VIF 临界值 10，说明研究变量之间不存在多重共线性的问题。

三、回归结果分析

根据前文构建的回归模型（8 - 1），通过 F 检验、BP 检验以及 Hausman 检验，最终选择固定效应模型估计方法，对 685 家重污染行业上市公司 2012 ~ 2018 年连续七年的平衡面板数据所构成的研究样本进行回归检验，回归结果如表 8 - 4 所示。

表 8 - 3　　　　　　　　**Pearson 相关系数检验**

变量	Debtcost	Env	Size	State	Lev	Roa	Grow	Top1	Independence
Debtcost	1								
Env	-0.040***	1							
Size	-0.128***	-0.213***	1						
State	-0.007***	0.008**	0.234***	1					
Lev	0.454***	0.099***	0.397***	0.229***	1				
Roa	-0.295***	-0.007	0.015	-0.117***	-0.431***	1			
Grow	-0.012***	-0.036**	0.008	-0.082***	-0.006	0.239***	1		
Top1	-0.047***	0.131***	0.338***	0.202***	0.069***	0.070***	-0.007	1	
Independence	-0.042***	0.012	-0.003	-0.046***	-0.019	-0.005	-0.008	0.046***	1

注：***、** 分别表示在1%、5% 的水平上显著。

表 8 - 4 企业环境治理与债务融资成本的回归结果

变量	系数	T 值
Env	− 0. 0016 ***	− 7. 908
Size	− 0. 0009 **	− 2. 208
State	− 0. 003 ***	− 3. 833
Lev	0. 027 ***	14. 883
Roa	− 0. 015 ***	− 3. 881
Grow	− 0. 002 ***	− 4. 797
*Top*1	− 0. 013 ***	− 4. 420
Independence	− 0. 003	− 0. 489
Constant	0. 031 ***	3. 254
Year/Ind	Yes	
Within R^2/F 值	Within R^2 = 0. 143	$F_{(14, 4094)}$ = 48. 62 ***
F 检验	$F_{(684, 4094)}$ = 7. 30 ***	Prob > F = 0. 000
BP 检验	Chi2(1) = 2940. 78 ***	Prob > Chi2 = 0. 000
Hausman 检验	Chi2(9) = 64. 96 ***	Prob > Chi2 = 0. 000

注：*** 、** 分别表示在 1% 、5% 的水平上显著；样本数（N）为 4795 个。

　　根据表 8 - 4 固定效应模型的回归结果可以看出，企业环境治理（*Env*）的回归系数为 − 0. 0016，且在 1% 的水平上统计显著，说明企业环境治理与债务融资成本存在负相关关系。因此，企业环境治理能够显著降低债务融资成本，本章研究假设 8 - 1 得到验证。此外，控制变量的回归结果显示：企业规模（*Size*）系数在 5% 的水平上显著为负，表明企业规模越大，债务融资成本越低；产权性质（*State*）系数在 1% 的水平上显著为负，表明相比非国有企业，国有企业具有更低的债务融资成本；财务杠杆（*Lev*）系数在 1% 的水平上显著为正，说明资产负债率越高，财务风险越大，债务融资成本也就越高；盈利能力（*Roa*）、成长性（*Grow*）、第一大股东持股比例（*Top*1）的系数均显著为负，表明盈利能力、成长性、第一大股东持股比例均能降低企业债务融资成本；董事会独立性（*Independence*）系数为负，但统计上不显著，说明董事会独立性对债务融资成本影响不大。

四、稳健性检验

为了更稳健地考察企业环境治理与债务融资成本的二者关系，本章采取如下稳健性检验措施：（1）参考王皓非和钱军（2021）有关债务融资成本的度量方法，采用财务费用与平均负债总额的比值进行度量，重新回归检验，结果如表 8 – 5 所示；（2）参考胡珺等（2019）、翟华云和刘亚伟（2019）的相关研究，企业环境治理采用环境资本支出加 1 的自然对数进行度量，根据前文构建的回归模型，重新回归检验，结果如表 8 – 6 所示。以上替换变量的检验结果均显示企业环境治理（Env）的回归系数显著为负，说明本章的研究结论具有较强的稳健性。

表 8 – 5   替换债务融资成本变量测量的稳健性检验

变量	系数	T 值
Env	− 0. 0009 **	− 2. 018
Size	− 0. 0005	− 0. 579
State	− 0. 002 *	− 1. 735
Lev	0. 087 ***	20. 921
Roa	− 0. 007	− 0. 721
Grow	− 0. 004 ***	− 3. 234
Top1	− 0. 005	− 0. 762
Independence	− 0. 010	− 0. 851
Constant	− 0. 012	− 0. 547
Year/Ind	Yes	
Within R^2/F 值	Within R^2 = 0. 140	$F_{(14, 4094)}$ = 47. 57 ***
F 检验	$F_{(684, 4094)}$ = 5. 57 ***	Prob > F = 0. 000
BP 检验	Chi2(1) = 2102. 40 ***	Prob > Chi2 = 0. 000
Hausman 检验	Chi2(9) = 20. 03 **	Prob > Chi2 = 0. 018

注：***、**、*分别表示在 1%、5%、10% 的水平上显著；样本数（N）为 4795 个。

表 8 – 6　　　　　　　替换企业环境治理变量测量的稳健性检验

变量	系数	T 值
Env	– 0.00008 ***	– 3.701
Size	– 0.0009 **	– 2.221
State	– 0.002 ***	– 2.831
Lev	0.027 ***	14.754
Roa	– 0.015 ***	– 3.801
Grow	– 0.002 ***	– 4.988
*Top*1	– 0.013 ***	– 4.228
Independence	– 0.002	– 0.475
Constant	0.030 ***	3.216
Year/Ind	Yes	
Within R^2/F 值	Within R^2 = 0.132	$F(14, 4094) = 44.61$ ***
F 检验	$F(684, 4094) = 7.25$ ***	Prob > F = 0.000
BP 检验	Chi2(1) = 2911.43 ***	Prob > Chi2 = 0.000
Hausman 检验	Chi2(9) = 68.57 ***	Prob > Chi2 = 0.000

注：*** 、** 分别表示在1% 、5% 的水平上显著；样本数（N）为4795 个。

第五节　截面异质性分析

一、基于产权性质的异质性分析

不同产权性质的企业在环境治理投入及债务融资成本方面存在异质性。胡珺等（2017）研究发现，相比非国有企业，国有企业从事更多的环境投资。前文回归结果表明，国有企业具有更低的债务融资成本。以上异质性可能导致不同产权性质的企业环境治理对债务融资成本的影响存在差异性。为了检验这一思路，本章根据产权性质，将样本分为国有企业与非国有企业，分组进行回归检验，结果如表 8 – 7 所示。从中可以看出，在国有企业样本组，企业环境治理（*Env*）的回归系数为负，但统计上不显著，说明国有企业债务融资成本不受企业环境治理的影响。而在非国有企业样本组中，企业环境治理的系数在1%的水平上显著为负，说明非国有企业的环境治理投入能够显著降低债务融资成本。上述结果表明，企业环境治理对债务融资成本的降低效应主要体现在非国有企业中。

表8－7   基于产权性质的异质性分析

变量	国有企业	非国有企业
Env	− 0. 000019 （ − 0. 065）	− 0. 0021 *** （ − 6. 195）
Size	0. 0003 （0. 492）	− 0. 001 ** （ − 2. 121）
Lev	0. 022 *** （9. 706）	0. 027 *** （9. 863）
Roa	− 0. 006 （ − 1. 372）	− 0. 0257 *** （ − 4. 189）
Grow	− 0. 002 *** （ − 2. 719）	− 0. 003 *** （ − 3. 488）
*Top*1	− 0. 0055 （ − 1. 454）	− 0. 0165 *** （ − 3. 694）
Independence	− 0. 0005 （ − 0. 093）	− 0. 002 （ − 0. 255）
Constant	0. 003 （0. 256）	0. 0392 *** （2. 860）
Year/Ind	Yes	Yes
Within R^2	0. 173	0. 133
F 检验	9. 44 ***	5. 67 ***
Hausman Chi 值	34. 82	35. 30
P 值	0. 0009	0. 0008
N	2313	2482

注：*** 、** 分别表示在1%、5%的水平上显著；括号内为 t 值；P 值为 Hausman 检验结果的 P 值。

可能的解释是对于国有企业而言，一方面，具有更多的融资渠道，更容易从国有银行获得资金贷款，具有相对较低的债务融资成本，使国有企业环境治理对债务融资成本的降低效应的作用空间较小；另一方面，国有企业的终极控制股东是政府，而国有企业主要高管人员的任免实际上也是由政府决定和安排，这就决定了国有企业的经济决策必然体现了政府的意志。政府通常会对国有企业直接下达环保指标，并对其进行严格的监督检查（迟铮，2021）。因此，国有企业作为政府直接干预的对象，不可避免地要承担更多的政策性目标及环境保护责任，需要积极响应政府监管部门有关环境保护的政策及法规要求，其环境治理更多带有利他性质，自利动机相对较弱（刘畅和张景华，2020）。而非国有企业相比国有企业面临更大的融资约束，生存压力使其具有更强的逐利本性，其环境治理行为的"自利"动机也就更强，会更关注环境治理对债务融资成本的降低效应。由此，导致不同产权性质的企业环境治理与债务融资成本关系存在显著差异。

二、基于区域的异质性分析

不同区域在资源禀赋、市场化进程、环保意识及执法力度等方面具有差异性，可能导致不同地区的企业环境治理对债务融资成本的影响存在差异。根据企业注册地址所属区域，将样本分为东部和中西部地区①，分组进行回归检验，结果如表8－8所示。由表中结果可知，在东部地区样本组，企业环境治理（Env）的回归系数在1%的水平上显著为负，说明企业环境治理对债务融资成本具有显著的负向影响。而在中西部地区样本组，企业环境治理为负，但统计上不显著，说明企业环境治理对债务融资成本的影响不显著。可能的原因在于，东部地区的经济发展水平较高，环境执法力度较强，绿色信贷政策在东部地区能够得到更好的贯彻执行。在这种

---

① 东部地区包括北京、天津、河北、辽宁、上海、江苏、浙江、福建、山东、广东、海南11个省市，中部地区包括山西、吉林、黑龙江、安徽、江西、河南、湖北、湖南8个省，西部地区包括四川、重庆、广西、贵州、云南、内蒙古、陕西、甘肃、青海、宁夏、新疆、西藏12个省（区、市）。

情况下，东部地区的企业环境治理方面的投入越多，越容易通过银行的绿色信贷审批，并能获得越低的债务融资成本。而在中西部地区，经济发展水平较低，环保意识相对较弱，环境执法力度可能相对不足，导致企业环境治理对债务融资成本的影响不明显。

表 8 - 8   基于区域的异质性分析

变量	东部地区	中西部地区
Env	− 0. 0016 *** (− 6. 184)	− 0. 0006 (− 1. 232)
Size	− 0. 0024 *** (− 4. 480)	0. 0009 (1. 489)
State	− 0. 002 ** (− 2. 426)	− 0. 006 *** (− 4. 764)
Lev	0. 029 *** (11. 241)	0. 027 *** (10. 241)
Roa	− 0. 030 *** (− 5. 472)	− 0. 002 (− 0. 380)
Grow	− 0. 0045 *** (− 6. 197)	− 0. 0008 (− 1. 254)
*Top*1	− 0. 009 ** (− 2. 252)	− 0. 016 *** (− 3. 615)
Independence	− 0. 001 (− 0. 199)	− 0. 004 (− 0. 521)
Constant	0. 066 *** (5. 210)	− 0. 010 (− 0. 730)
Year/Ind	Yes	Yes
Within R^2	0. 166	0. 155
F 检验	6. 33 ***	7. 50 ***
Hausman Chi 值	55. 21	33. 62
P 值	0. 000	0. 002
N	2725	2070

注：*** 、** 分别表示在 1% 、5% 的水平上显著；括号内为 t 值；P 值为 Hausman 检验结果的 P 值。

第六节　本章小结

本章以 2012～2018 年连续七年的重污染行业上市公司为研究样本，实证考察了企业环境治理对债务融资成本的影响。选择固定效应模型进行回归检验，结果发现，企业环境治理与债务融资成本二者之间存在显著的负相关关系，说明企业环境治理投入能够显著降低债务融资成本。进一步通过截面异质性分析发现，非国有、东部地区的企业环境治理显著负向影响债务融资成本，而国有、中西部地区的企业环境治理对债务融资成本的影响不显著。因此，企业环境治理对债务融资成本的降低效应，主要体现在非国有企业及东部地区的企业。

基于上述结论，得出如下管理启示：首先，对于企业（特别是非国有企业）而言，不能简单地认为从事环境治理会增加企业的经营成本，而应注意到总体上，环境治理投入能够在债务融资成本方面给企业带来积极的经济后果。这里需要指出的是，尽管国有企业从事环境治理并不能显著降低债务融资成本，但国有企业享受政府更多的扶助资金及政策支持，理应积极响应政府监管部门有关环境保护的政策及环境规制的要求，主动从事环境治理活动。其次，对于政府监管部门而言，需要进一步地督促并推进银行落实绿色信贷及绿色金融政策，特别是需要增强绿色信贷在中西部地区的执行力度，设法规避污染环境较严重的企业寻租行为机会，鼓励并引导商业银行的贷款资金重点向环境治理表现好的企业倾斜，并对环境治理表现好的企业给予相对低的利息费用，以激励企业从事环境治理活动。

第九章

结论、建议与未来研究展望

本章首先对前文实证研究得出的结论进行归纳与总结；其次，根据研究结论，结合已有研究的相关观点，对政府和企业分别提出相应的政策建议；再次，分析本书研究存在的不足之处；最后，展望未来有待进一步研究的方向。

第一节 研 究 结 论

本书选取重污染行业上市公司 2012~2018 年连续七年的平衡面板数据作为研究样本，首先，实证探讨了企业环境治理的影响因素；其次，实证检验了企业环境治理的经济后果。下面将分别从企业环境治理的影响因素及经济后果两个角度，归纳总结相应的研究结论。

一、企业环境治理的影响因素研究结论

首先，从微观层面的企业特征，结合中观层面的行业竞争属性，探讨企业环境治理的影响因素。研究结果表明，企业规模、财务杠杆、行业竞争属性与企业环境治理显著正相关，而盈利能力对企业环境治理的影响不显著。企业规模越大，企业对外界的影响也就越大，其环境治理情况自然就会受到外界更多的关注。为了减缓社会公众及监管部门所施加的环境合法性压力，规模大的企业一般会倾向于从事更多的环境治理活动。财务杠

杆高的企业的环境风险会影响债权人的决策选择，银行等债权人对财务杠杆高的企业贷款通常会根据其潜在的环境风险高低而做出中止合作或继续提供贷款的决策，进而间接促进财务杠杆高的企业提升环境治理水平。企业环境治理不仅会受到企业特征的影响，而且还会受到行业竞争属性的影响。研究结果显示，垄断性行业的企业环境治理水平显著高于竞争性行业企业。垄断性行业企业能够通过垄断价格及大规模低价采购原料的优势来化解环境资本支出的负担，并且垄断性行业企业多数为国有，其环境合法性压力更大，会投入更多的环境治理活动。而竞争性行业企业所处行业竞争激烈，容易因生存压力大而疏于环保投入。

其次，从微观层面的董事会特征探讨企业环境治理的影响因素，研究结果发现：（1）董事会规模与企业环境治理水平显著正相关，说明增加董事会规模，有利于实现企业董事会人才多元化，拥有更好的专业知识来解决环境治理的难题，从而有助于促进企业从事环境治理活动；（2）董事会独立性显著正向影响企业环境治理水平，说明独立董事能够相对客观地发表独立意见，增加独立董事比例，能够更好地促使管理层考虑环境潜在风险，进而促进企业提升环境治理水平；（3）女性董事、董事长与总经理两职分离、董事持股比例能够显著促进企业环境治理水平，说明女性董事具有更强的环境保护意识，董事长与总经理两职分离、增加董事持股比例能够有助于增强企业内部监督机制，使企业高管更关注企业长远发展而从事环境治理活动；（4）董事会会议次数与企业环境治理水平关系不存在显著关系，这可能与董事会决策机制不完善有关，尽管董事会会议次数多能够反映董事的勤勉程度，但同时也可能是董事会决策过程意见不同，为协调意见差异而导致会议次数增多，因此，董事会会议次数多少对企业环境治理的影响不显著。

再次，从微观层面的终极所有权结构来探讨企业环境治理的影响因素，研究结果发现：（1）现金流量权与企业环境治理显著正相关，说明随着现金流量权的增加，终极控制股东与企业及中小股东等的利益趋于一致，终极控制股东响应外部利益相关者日益关注环保诉求的意愿增强，从而能够促使企业承担起更多的环境责任，积极从事环境治理活动；（2）现金流量权与控制权的两权分离度与企业环境治理水平显著负相关，表明两权分离程度越大，终极控制股东掠夺中小股东利益的动机和能力越强，越不愿在环境保护方面投入资金，进而其控制下的企业环境治理水平也就越低；（3）终极控制股东类型对企业环境治理具有显著的正向影响，终极控制股东为国有的上市公司的环境治理水平显著高于非国有上市公司，表明相对于非国有上市公司而言，国有控股的上市公司在面临更大的环境合法性压力的情况下，能够更好地响应政府监管部门有关环境保护的规范要求，承担更多的环境责任以及从事更多的环境治理活动。

最后，从宏观层面的制度环境探讨其对企业环境治理的影响，以及制度环境在终极控制股东的两权分离与企业环境治理关系中的调节作用。研究结果发现：（1）良好的制度环境对企业环境治理具有积极的促进作用，企业所处地区的市场化程度越高，法治环境越完善，政府干预越少，企业环境治理投入越多；（2）制度环境对两权分离与企业环境治理二者负向关系具有显著的缓解作用（即调节作用），无论是市场化总指数层面反映的制度环境，还是法治环境或政府干预分项层面反映的制度环境，均能有效弱化两权分离与企业环境治理之间的负向关系。因此，良好的制度环境不仅能够促进企业提升环境治理投资，而且能够有效缓解两权分离对企业环境治理的负面影响。

二、企业环境治理的经济后果研究结论

首先，从企业价值角度探讨企业环境治理的经济后果，研究结果发现：（1）当期、滞后一期的企业环境治理与当期企业价值关系不显著，说明短期内而言，企业环境治理无法给企业带来即刻的经济回报，但也不会给企业价值带来显著的不利影响；（2）滞后二期、滞后三期的企业环境治理正向影响企业价值，说明企业环境治理对企业价值的提升作用存在滞后效应，从长期上看，企业环境治理所产生的经济效益能够抵消并超过其成本支出，进而有助于提升企业价值；（3）累积三期及累积四期的企业环境治理正向影响企业价值，说明企业环境治理对企业价值的提升作用存在累

积效应，企业只有持续投入三期及以上企业环境治理，累积形成企业环境治理经验及其成果，进而才能给企业价值创造带来积极正向的影响。因此，企业环境治理与企业价值并不是一种简单的线性关系，而是一种复杂的关系，需要从短期与长期相结合的角度来对其进行考察分析，才能厘清二者关系。研究结果表明，尽管短期内的企业环境治理对企业价值没有影响，但从长期而言，企业环境治理具有滞后效应及累积效应的特性，使企业长期持续投入的环境治理活动能够有助于促进未来的企业价值创造。

其次，从债务融资成本角度探讨企业环境治理的经济后果，研究结果发现，企业环境治理与债务融资成本二者之间存在显著的负相关关系，说明总体上，企业从事环境治理活动，能够减少银行等债权人对其未来的环境风险评估，从而有助于降低企业债务融资成本，给企业带来积极的经济后果。进一步通过截面异质性分析发现，非国有以及东部地区的企业环境治理能够显著降低债务融资成本，而国有以及中西部地区的企业环境治理与债务融资成本的关系不显著。因此，企业环境治理对债务融资成本的降低效应主要是在非国有企业及东部地区的企业中发挥作用。

第二节　政　策　建　议

基于企业环境治理影响因素及经济后果实证研究所得出的结论，结合已有相关文献的研究观点，本书对政府与企业分别提出相应的政策建议。

一、对政府的建议

第一，需要进一步加强对企业的环境规制。本书第三章～第八章对重污染行业上市公司所做的描述性统计分析发现，我国重污染行业上市公司总体上的环境治理水平不高，有一半以上的企业没有从事环境治理投资，说明我国企业在环境治理方面的主动性不强，这在一定程度上反映了我国环境规制对重污染行业企业尚不能形成足够的压力。根据唐国平等

（2013）、罗明等（2019）的相关研究，环境管制对企业环境治理行为的影响存在"门槛效应"，在环境管制强度的临界点之前，较低强度的环境管制不能有效促进企业环境治理行为，企业开展环境治理的主动性不强，而达到临界点之后，严格的环境管制才能对企业环境治理起到正向倒逼的作用。因此，正如波特和林德（Porter and Linde，1995）所言，"环境立法应从严而不宜从宽"，我国政府监管部门需要进一步加强环境规制，加强环境监管职能工作，如完善环境立法、环境监管制度，从而对企业形成足够的环境治理压力，以倒逼企业采取主动的环境治理策略。

第二，环境规制需要考虑与行业竞争属性相结合。本书研究表明，行业竞争属性显著正向影响企业环境治理。尽管垄断性行业的企业环境治理水平高于竞争性行业企业，但是其环境治理水平还是偏低。根据戴维斯（Davis，1960）的"责任铁律"，权力与责任需要遵循对等原则，企业权力越大，其责任也就越大。垄断性行业企业多数为国有企业，通常拥有垄断性的资源，往往控制着整个社会运行的权力体系，所以政府部门对它们的环境规制需要制定更高的标准和更严格的要求，从制度上要求它们承担起更多的环境责任，从事更多的环境治理。而竞争性行业企业由于行业的高度竞争，相对容易出现以牺牲环境为代价来换取成本竞争优势，政府监管部门在加强对它们的环境规制的同时，应该从政策上引导它们走可持续发展之路，督促它们采取措施从事环境治理，并对其环境治理水平高的企业进行适当的奖励或补贴。国外经验表明，对环境治理做得好的企业给予奖励，可以有效促进企业环境治理，并激发企业发挥积极的带头示范作用。

第三，环境规制策略应当逐步从"末端治理"转向"前端防治"，形成"前端防治"为主而"末端治理为辅"的策略。末端治理是对环境污染的事后控制，采取末端治理的方式来减少环境污染，对企业带来的主要是成本支出而非效益产出（Wagner，2005；Fujii et al.，2013），因此，末端治理的环境规制策略难以有效促进企业环境治理投入的主动积极性。而诸如清洁生产方法的"前端防治"属于"源头控制"（刘伟明，2014）。以清洁生产为例，虽然前期引入需要累积一定时间的学习成本，但在掌握如何运用清洁生产技术之后，对企业通常能够带来显著的经济效益。因此，清洁生产是各国政府主推的环境治理策略。尽管"末端治理"相比"前端防治"而言，是一种比较落后的方式，但在我国环境污染形势依然严峻、企业环境治理水平总体不高的情况下，政府监管部门还不能舍弃"末端治理"策略，而是应当采用"前端防治"为主而"末端治理为辅"的二者结合的环境规制策略。

第四，环境法规及制度应尽可能朝着有利于促进企业采取创新的环境治理措施来制定。波特和林德（1995）指出，不好的环境法规会阻碍企业竞争力，而"良法"则会提高竞争力。以美国和瑞典的纸浆和造纸产业为例。美国早先制定了严苛的环保法规，但缺乏逐步导入的阶段，结果迫使企业快速采用当时最先进的技术，然而这需要企业安装非常昂贵的末端治理设备系统。而瑞典则采取另一种做法，它的法规容许更多的弹性，让企业能够锁定制造环节来进行环境治理，而非终端的废水处理问题。最终，尽管美国率先推出规范制度，但其企业并未能获得先行者优势，而瑞典企业因其国家的"良法"制度，使企业创新性地发展出能够降低成本的纸浆和漂白技术，在符合当时环境法规需要的同时，还能从中获得市场竞争优势。以上美国和瑞典这两个国家的例子，说明环境法规的制定最好能够结合企业实际情况来着手，并尽可能地使其能够促使企业相应地采取有效的环境治理创新措施。

第五，政府监管部门应重点监管现金流量权与控制权有偏离的上市公司，并从完善制度环境来缓解两权分离的负面影响。本书的研究结果表明，终极控制股东的现金流量权与控制权的两权分离度负向影响企业环境治理水平，而良好的制度环境能够有效缓解两权分离度对企业环境治理的负向影响。因此，政府监管部门应该把现金流量权与控制权两权分离程度大的企业作为重点监管的对象，并采取相应的、有针对性的一系列治理措施：（1）可从相关法律制度层面上要求两权分离程度大的企业加强内部制衡机制以及优化股权结构，以减少两权偏离度，改善企业内部治理机制；（2）完善上市公司信息披露制度，细化有关终极控制股东（即实际控制人）相关的信息披露要求，进一步规范上市公司关联交易的信息披露制度；（3）需要加大对中小股东的法律保护程度，完善相应的法制建设，可以建立"追溯终极控制人"的法律制度，追究终极控股股东对中小股东利益损失的无限连带赔偿责任，加大对终极控制股东隧道行为的处罚力度，以增加终极控制股东侵占中小股东利益的违规成本（马磊和徐向艺，2010），从而改善企业的外部治理环境，以抑制终极控制股东的隧道行为，减少终极控制股东与中小股东的委托代理问题，促使终极控制股东更多地考虑企业的长远发展；（4）在完善环保法律及中小股东权益法律保护的同时，还需设法提高法律制度的执行效率及执行力度，尽量减少地方政府对企业的经营干预，纠正地方政府热衷于干预企业的生产投资而轻环保监管的现象，进而为企业构筑起良好的制度环境，促进企业从事环境治理活动。

二、对企业的建议

第一，企业需要正确认识企业环境治理所能带来的经济后果，并做好长远的环境治理战略规划。企业环境治理的投资周期长的特点，使不少偏好当前利益的企业对环境治理投入望而却步，他们通常想当然地认为企业环境治理的投入成本总是会大于其所带来的经济效益。然而，本书基于重污染行业上市公司的经验证据，研究结果表明，一方面，企业环境治理能够有助于降低企业债务融资成本，给企业（特别是非国有企业）带来更低债务融资成本的经济效益；另一方面，从短期来看，虽然企业环境治理投资无法给企业带来即刻的经济回报，但至少不会对企业价值创造带来显著的不利影响，而从长期而言，企业环境治理投入具有滞后效应及累积效应的特点，使企业长期的环境治理投入，能够给其带来提升企业价值的积极经济后果。因此，从长期上看，企业环境治理对企业带来的经济效益大于成本投入。在当前环境管制日趋严厉、国家大力倡导绿色发展的背景下，企业不应逃避或被动地采取环境应对的战略，这样会引发潜在的环境风险隐患，限制企业的发展潜力。企业应该变被动为主动，从长远发展的角度，对环境治理做出积极主动的战略规划，从末端治理逐渐过渡至使用清洁生产方法，并采取系列变废为宝的环境治理创新以及研发推广绿色产品等措施，使持续投入的企业环境治理非但不会成为企业的负担，而是能够转化成为企业竞争优势的源泉，从而使企业能够获得可持续性的发展。

第二，完善董事会结构的治理机制，以减少股东与管理层的委托代理问题，促进企业从事有利长远发展的环境治理投入。董事会作为公司内部治理的核心制度设计，不仅要制定各种战略决策，而且还要监督管理层行为是否符合股东的长远利益。企业一旦突发环境事件，容易给企业经营带来极大的不利影响，使股东的利益受到很大的损失。因此，股东不希望其所投资的企业存在环境风险隐患问题，这也是环境责任表现好的企业容易获得投资者投资偏好选择的原因（Cai and He，2014）。然而，企业高管的偏好与此不同。一方面，由于企业高管与股东利益目标追求不同以及信息不对称，高管可能为了构建公司帝国、在职消费等自利行为，不从事或消极从事需长期占用大量资金的环境治理活动；另一方面，企业高管通常面临较大的短期业绩考核压力，这将容易导致高管不愿选择投资周期长、风险高的环保投资项目，而是倾向于把资金投向短期回报率高的项目。由此，就会出现股东与管理层的利益冲突问题。本书研究发现，董事会规模、董事会独立性、女性董事、董事长与总经理两职分离、董事持股比例能够显著促进企业提升环境治理水平。因此，首先，企业应增加董事会规模，以有利于企业实现人才多元化，更好地获取外部资源，促进企业重视经营活动对生态环境的影响及环境污染的治理；其次，企业应健全董事会的独立董事制度，加强董事会的独立性建设，增加独立董事的人数，并引入女性董事，从而起到提高董事会的治理效率，进而更好地督促管理层考虑企业长远利益的作用；再次，董事长与总经理应该两职分离，以有利于建立制衡及监督机制，优化董事会领导结构；最后，企业应改革董事的激励制度，将薪酬制度与股权激励制度相结合，适当推广股权激励制度，促使董事关注企业的长远发展，从而更好地督促企业履行环境责任，从事更多的环境治理活动。

第三，完善内部治理机制，通过股权制衡作用，缓解终极控制股东与中小股东的委托代理问题，遏制终极控制股东的利益侵占行为。本书在对重污染行业上市公司所做的描述性统计分析发现，重污染行业有不少上市公司存在终极控制股东的现金流量权与控制权两权分离的现象。两权分离使我国重污染行业上市公司的终极控制股东具有很强的短期逐利及机会主义行为动机，在很大程度上会通过其控制权主动干涉企业环境治理政策制定及实施，倾向于促使企业选择环境污染外部化而非开展需要占用大量资金的环境治理，以便有更多的资金开展私人收益活动。本书的实证研究结果表明，终极控制股东的现金流量权与控制权两权分离度显著负向影响企业环境治理。因此，企业应完善内部治理机制，可引入机构投资者持股、多个大股东分享控制权、股权多元化等途径来优化股权结构，强化股东之间的相互制衡，以形成合理的股权制衡机制，通过发挥股权制衡的治理作用，从而使企业的决策不受任何一个大股东的单独控制，最终达到互相监督，并抑制终极控制股东对中小股东的利益掠夺行为的效果。同时，企业有必要进一步规范资金管理制度，特别是要制定并细化防范终极控制股东及关联方资金占用的管理办法，以防范终极控制股东利用非法关联交易转移资金来侵占中小股东利益。

第三节　研究局限及未来研究展望

一、研究局限

尽管本书对企业环境治理的影响因素及经济后果的研究取得了一些成果，但由于研究水平及研究时间的限制，本书尚存在一些有待改进的不足之处，主要体现在以下四个方面。

（1）行业样本选择的局限性。基于重污染行业企业对生态环境影响大，是环境治理的关键行动者的考虑，本书选取来自重污染行业（即采掘业、食品饮料业、纺织服装皮毛业、造纸印刷业、石油化学塑胶塑料业、金属非金属业、医药生物制品业、水电煤气业的八大类重污染行业）的

2012～2018年连续7年的上市公司作为研究样本，对企业环境治理的影响因素及经济后果进行实证检验，所得出的结论对重污染行业企业具有较强的稳健性和适用性，但对非重污染行业企业的适用性则存在一定的局限性。

（2）企业环境治理变量测量的局限性。本书参考胡珺等（2019）、崔广慧和姜英兵（2019）等的做法，采用企业环境资本支出作为企业环境治理的代理变量，从上市公司年报的在建工程科目注释中，手工收集当期企业新增环境资本支出，然后再基于期末总资产进行标准化处理来度量企业环境治理，同时还采用企业环境资本支出的自然对数的另一种度量方法。本书对企业环境治理变量度量所采用的是定量数据的方法，没有考虑非量化的定性信息（比如，企业环境管理方针、环境管理体系以及企业对员工的环保宣传教育等方面的信息），因此，在企业环境治理变量的测量不够全面，存在一定的局限性。

（3）制度环境变量测量的局限性。制度环境变量的数据来源于王小鲁等（2019）编著的《中国分省份市场化指数报告（2018）》。由于王小鲁等（2019）编著的指数数据只更新至2016年，缺失2017年、2018年这两年的指数数据。对制度环境2017年、2018年的缺失数据，本书采取的做法是，先在主检验中，参考任颋等（2015）、何丹等（2018）的做法，采用2016年的制度环境变量数据替代2017年、2018年相应变量的数据，然后在稳健性检验中，借鉴李梦雅和严太华（2019）、严复雷等（2020）的做法，采用移动平均法得出制度环境代理变量2017年、2018年相对应的数据。以上解决2017年、2018年的制度环境变量缺失数据问题所采取的方法，对研究结论的准确性可能会带来一些影响。

（4）本书从公司治理范畴的董事会结构、终极所有权结构角度对企业环境治理的影响因素进行了微观层面的实证研究，但没有对公司治理领域的监事会进行探讨。监事会是公司的监督机构，主要负责监督董事会及管理层的行为，也是公司治理机制的重要组成部分。监事会特征可能也是影响企业环境治理的一个因素，而本书忽略了此方面影响因素的探讨，这是本书的另外一个不足之处。

二、未来研究展望

基于本书研究存在的局限性，结合已有研究的不足之处，本书认为，在未来有待进一步探讨的研究方向主要有以下五个方面。

第一，本书实证研究的样本来自重污染行业，所得出的研究结论在非重污染行业存在一定的局限性。为验证本书结论在非重污染行业的有效性，今后可考虑进一步扩展收集非重污染行业上市公司的样本数据，对包含重污染行业与非重污染行业上市公司的全样本做回归检验，然后再对按重污染行业与非重污染行业划分的分组样本进行截面异质性分析，对比分析分组样本、全样本的回归结果差异性，这样能得出更有价值的结论。

第二，变量测量局限性的进一步完善。首先，企业环境治理变量的测量可以考虑采取定量与定性指标相结合的方式，分多个维度进行度量，采用上市公司年报与企业社会责任报告相结合的方式来获取企业环境治理定量及定性测量指标的数据，这样可以更全面地度量企业环境治理变量并获取相应的数据。其次，制度环境变量数据需要在未来等有更新的中国分省份市场化指数的数据之后，才能获取到已有缺失的数据（即2017年、2018年数据），然后重新从制度环境角度，对企业环境治理的影响因素做实证检验。

第三，考察监事会特征对企业环境治理的影响。监督会对董事会及管理层执行监督的职能，理论上，结构设计合理、运作良好的监事会，有助于减缓终极控制股东及管理层的机会主义行为，降低第一类的股东与管理层以及第二类的终极控制股东与中小股东的委托代理问题，从而使企业从长远发展的角度考虑企业环境治理的战略决策问题。因此，监事会结构特征很可能会对企业环境治理产生影响，未来可以从监事会规模、监事薪酬、监事会持股比例、监事会会议次数等方面的监事会特征来探讨其对企业环境治理的影响。

第四，考察媒体关注对政府干预与企业环境治理关系的影响。本书研究发现，政府干预程度越大，企业环境治理水平越低，说明政府干预对企业环境治理有负向影响。政府干预表现在一些地方政府在 GDP 经济增长驱动情况下会出现纵容地方纳税大户企业的排污现象。媒体关注作为外部治理机制，一方面，能够发挥外部公司治理的作用；另一方面，也能对政府部门起到监督的作用。媒体关注能够有助于企业与政府建立起"亲清"新型政商关系，很有可能起到缓解政府干预对企业环境治理负向影响的作用。因此，媒体关注在其中具体如何发挥调节作用值得未来进行探究。

第五，企业环境治理对企业价值影响的作用机制研究。本书研究发现，从长期而言，企业环境治理对企业价值的正向影响存在滞后性及累积效应。那么企业在环境治理的不断投入如何在将来逐渐转化形成企业价值创造的源泉，有待进一步探讨。企业环境治理能够提升企业声誉，而企业声誉有助于企业稳健发展，能够提升企业价值，所以，企业声誉可能在企业环境治理与企业价值关系中起到中介作用。此外，波特和林德（1995）指出，企业可以通过采用创新性的技术和做法提升资源生产力，进而实现企业发展兼顾生态环境保护的双赢。因此，企业创新（特别是绿色技术创新）可能在企业环境治理与企业价值关系中起到调节作用。企业环境治理对企业价值的具体作用机制尚待未来做进一步地梳理及实证分析。

附　录

附录 1　企业环境治理变量测量计算示例

　　以新余钢铁股份有限公司（以下简称"新钢股份"）为例，说明企业环境治理变量测量计算的过程。首先，从新钢股份 2018 年年度报告的在建工程科目注释中，收集 2018 年当期环保投资项目增加额合计数，获取表征 2018 年新钢股份企业环境治理的环境资本支出数据，如附表 1 - 1 所示；其次，新钢股份的环境资本支出基于期末总资产进行标准化处理，得出主检验中所用到的企业环境治理变量数据；最后，对新钢股份的 2018 年环境资本支出加 1 取自然对数，得出稳健性检验中所用到的企业环境治理变量数据，如附表 1 - 2 所示。

附表 1 - 1　　　　2018 年新钢股份环境资本支出的当期增加额　　　　单位：元

序号	项目内容	金额
1	5 号烧结机尾电除尘工程	1815570.94
2	4 米 3 焦炉推焦装煤除尘（二期）	10113432.39
3	一钢厂二次除尘系统提标改造项目	16365798.04
4	产业转型升级低碳生态工业园项目	389070277.25
5	花园式工厂项目	16704023.43
6	中水深度处理及回用项目	38472146.97
7	67 机主轴风机变频节能改造	24747794.95
8	4 号机机尾机成品电除尘改造	12805582.89
9	5.6.7 机脱硫备用系统	13016209.22
10	360m^2 烧结机热风烧结技术改造项目	11525947.41
11	8 号炉除尘改造工程	29500000.00
12	6 米焦炉烟脱硫脱硝	24681285.00

序号	项目内容	金额
13	煤气综合利用高效发电	145320529.64
14	可利用材及废钢加工创效项目	8365220.21
	2018 年环境资本支出合计	742503818.34

资料来源：来自《新余钢铁股份有限公司 2018 年年度报告》的在建工程科目注释。

附表 1-2　　　　2018 年新钢股份企业环境治理测量计算示例

序号	项目	计算公式	金额或数值
1	环境资本支出（元）	—	742503818.34
2	期末总资产（元）	—	41635756008.29
3	企业环境治理变量取值（主检验）	（环境资本支出增加额/期末总资产）×100	1.783
4	企业环境治理变量取值（稳健性检验）	ln(1+环境资本支出增加额)	24.452

　　从附表 1-1 可以看出，新钢股份 2018 年新增的环境资本支出为 742503818.34 元。从附表 1-2 可以看出，采用主检验中企业环境治理变量的测量方法，2018 年新钢股份企业环境治理为 1.783；采用稳健性检验中企业环境治理变量的测量方法，2018 年新钢股份企业环境治理为 24.452。

附录2 终极所有权结构代理变量测量计算示例

以江苏三房巷实业股份有限公司（以下简称"三房巷"）为例，说明终极所有权结构（包含终极控制股东的类型、现金流量权、控制权、两权分离度）的界定及计算的过程。

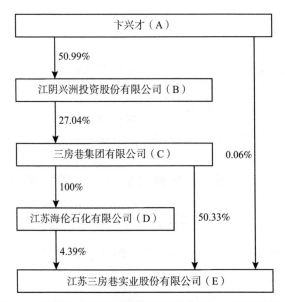

附图2－1 三房巷与终极控制股东之间的产权及控制关系的方框图

资料来源：来自《江苏三房巷实业股份有限公司2018年度报告》的公司与实际控制人之间的产权及控制关系的方框图。

附图2－1为2018年三房巷与终极控制股东之间的产权及控制关系的方框图，参考拉波塔等（La Porta et al.，1999）的研究，沿着金字塔层级链条，通过层层追溯至最顶层控制人的方法，鉴别出三房巷的终极控制股东为卞兴才。由于终极控制股东为个人，所以终极控制股东的类型界定为非国有。根据拉波塔等（1999）、克莱森斯等（Claessens et al.，

2000）对现金流量权和控制权的计算方法，现金流量权等于终极控制股东所持有的各条控制链条上的持股比例乘积之和，控制权等于终极控制股东所持有各条控制链条上的持股比例的最小值之和，分别计算卞兴才持有三房巷的现金流量权及控制权，其计算过程及结果如附表 2 - 1 和附表 2 - 2所示。

附表 2 - 1　　2018 年三房巷的终极控制股东的现金流量权计算过程

控制链条序号	控制链条路径	链条上的持股比例乘积	计算结果
控制链条 1	A - B - C - D - E	50.99% ×27.04% ×100% ×4.39%	0.605%
控制链条 2	A - B - C - E	50.99% ×27.04% ×50.33%	6.939%
控制链条 3	A - E	0.06%	0.06%
现金流量权 = 链条上的持股比例乘积之和		0.605% +6.939% +0.06%	7.604%

附表 2 - 2　　2018 年三房巷的终极控制股东的控制权计算过程

控制链条序号	控制链条路径	链条上的持股比例的最小值	计算结果
控制链条 1	A - B - C - D - E	Min(50.99%, 27.04%, 100%, 4.39%)	4.39%
控制链条 2	A - B - C - E	Min(50.99%, 27.04%, 50.33%)	27.04%
控制链条 3	A - E	0.06%	0.06%
控制权 = 链条上的持股比例的最小值之和		4.39% +27.04% +0.06%	31.49%

根据附表 2 -1 和附表 2 -2 的计算结果，可以进一步地得出三房巷终极控制股东的两权分离度为控制权减去现金流量权（即 31.49% -7.604%），等于 23.886%。

综上所述，卞兴才（终极控制股东）通过金字塔多层控股结构的三条控制链，持有三房巷的现金流量权（终极所有权）为 7.604%，控制权为31.49%，现金流量权与控制权的两权分离度为 23.886%，说明 2018 年三房巷终极控制股东的现金流量权与控制权存在一定程度的分离。

附录 3　1992～2011 年环境责任表现评级高的企业数量统计情况

蔡和何（Cai and He，2014）从美国 KLD 数据库获取 1992～2011 年环境责任评级高的企业数量情况，并分年度、分类汇总形成附表 3-1。

附表 3-1　　　　　　　　1992～2011 年环境责任表现评级高的

美国企业数量统计　　　　　　　　单位：个

年份	列在环境责任表现评级高的名单的企业数量	当年新增的环境责任表现评级高的企业数量	上一年度环境评级高而本年度被排除的数量
1992	67		
1993	77	21	11
1994	81	15	11
1995	75	18	24
1996	83	20	12
1997	85	22	20
1998	90	17	12
1999	86	13	17
2000	72	13	27
2001	70	16	18
2002	76	21	15
2003	86	22	12
2004	100	35	21
2005	72	10	38
2006	104	53	21
2007	118	44	30
2008	132	38	24

年份	列在环境责任表现评级高的名单的企业数量	当年新增的环境责任表现评级高的企业数量	上一年度环境评级高而本年度被排除的数量
2009	168	51	15
2010	166	6	8
2011	454	356	68

资料来源：Cai L，He C H. Corporate Environmental Responsibility and Equity Prices ［J］. Journal of Business Ethics，2014，125（4）：617 -635.

参 考 文 献

[1] 蔡春、郑开放、王朋：《政府环境审计对企业环境治理的影响研究》，载于《审计研究》2021年第4期，第3~13页。

[2] 陈琪：《企业环保投资与经济绩效——基于企业异质性视角》，载于《华东经济管理》2019年第7期，第158~168页。

[3] 陈晓艳、肖华、张国清：《环境处罚促进企业环境治理了吗？——基于过程和结果双重维度的分析》，载于《经济管理》2021年第6期，第136~155页。

[4] 陈幸幸、史亚雅、宋献中：《绿色信贷约束、商业信用与企业环境治理》，载于《国际金融研究》2019年第12期，第13~22页。

[5] 程博：《分析师关注与企业环境治理——来自中国上市公司的证据》，载于《广东财经大学学报》2019年第2期，第74~89页。

[6] 程隆云、李志敏、马丽：《企业环境信息披露影响因素分析》，载于《经济与管理研究》2011年第11期，第83~90页。

[7] 迟铮：《空气污染对企业环境治理行为的影响研究——基于产权性质的中介效应》，载于《南京审计大学学报》2021年第3期，第51~59页。

[8] 崔广慧、姜英兵：《环境规制对企业环境治理行为的影响——基于新"环保法"的准自然实验》，载于《经济管理》2019年第10期，第54~72页。

[9] 崔广慧、姜英兵：《环保产业政策支持与企业环境治理动机——基于重污染上市公司的经验证据》，载于《审计与经济研究》2020年第3期，第111~120页。

[10] 崔媛媛：《企业社会责任视角下我国上市公司环境治理行为研

究》，西南交通大学博士学位论文，2012年。

[11] 代文、董一楠：《环境信息披露质量、审计监督与债务融资成本——来自沪、深两市重污染行业上市公司的经验数据》，载于《财会通讯》2016年第4期，第13~16页。

[12] 戴鑫、毛江华、王武、曹秋良：《组织合法性理论视角下的社会和环境披露研究评述》，载于《管理学报》2011年第9期，第1405~1412页。

[13] 邓彦、潘星玫、刘思：《高管学历特征与企业环保投资行为实证研究》，载于《会计之友》2021年第6期，第102~108页。

[14] 董小红、李哲、王放：《或有事项信息披露、财务重述与企业价值》，载于《财贸研究》2017年第5期，第90~99页。

[15] 冯根福：《双重委托代理理论：上市公司治理的另一种分析框架》，载于《经济研究》2004年第12期，第16~25页。

[16] 冯根福、韩冰、闫冰：《中国上市公司股权集中度变动的实证分析》，载于《经济研究》2002年第8期，第12~19页。

[17] 冯旭南、李心愉：《终极所有权、机构持股与分析师跟进》，载于《投资研究》2013年第2期，第108~121页。

[18] 高宏霞、朱海燕、孟樊俊：《环境信息披露质量影响债务融资成本吗？——来自我国环境敏感型行业上市公司的经验证据》，载于《南京审计大学学报》2018年第6期，第20~28页。

[19] 高磊、晓芳、王彦东：《多个大股东、风险承担与企业价值》，载于《南开管理评论》2020年第5期，第124~133页。

[20] 管亚梅、肖雪：《环境信息披露对债务融资成本和企业信贷规模的影响研究》，载于《中国注册会计师》2019年第9期，第47~54页。

[21] 郭苑：《中国地方财政环保支出、企业环保投资与工业技术升级》，江西财经大学博士学位论文，2020年。

[22] 何丹、汤婷、陈晓涵：《制度环境、机构投资者持股与企业社会责任》，载于《投资研究》2018年第2期，第122~146页。

[23] 何瑛、张大伟：《管理者特质、负债融资与企业价值》，载于《会计研究》2015年第8期，第65~73页。

[24] 胡昌生、龙杨华：《"法与金融"理论述评》，载于《武汉大学学报（哲学社会科学版）》2008 年第 1 期，第 5 ~ 10 页。

[25] 胡珺、阮小双、马栋：《环境规制、成本转嫁与企业环境治理》，载于《海南大学学报》（人文社会科学版）2022 年第 7 期，第 1 ~ 12 页。

[26] 胡珺、宋献中、王红建：《非正式制度、家乡认同与企业环境治理》，载于《管理世界》2017 年第 3 期，第 76 ~ 94 页。

[27] 胡珺、汤泰劼、宋献中：《企业环境治理的驱动机制研究：环保官员变更的视角》，载于《南开管理评论》2019 年第 2 期，第 89 ~ 103 页。

[28] 胡珺、伍翕婷、周林子：《5A 旅游景区、环境考核与企业环境治理》，载于《南方经济》2020 年第 4 期，第 115 ~ 128 页。

[29] 黄珺、周春娜：《股权结构、管理层行为对环境信息披露影响的实证研究——来自沪市重污染行业的经验证据》，载于《中国软科学》2012 年第 1 期，第 133 ~ 143 页。

[30] 黄世忠：《支撑 ESG 的三大理论支柱》，载于《财会月刊》2021 年第 19 期，第 3 ~ 10 页。

[31] 江曙霞、代涛：《法与金融学研究文献综述及其对中国的启示》，载于《财经科学》2007 年第 5 期，第 1 ~ 10 页。

[32] 江伟：《市场化程度、行业竞争与管理者薪酬增长》，载于《南开管理评论》2011 年第 5 期，第 58 ~ 67 页。

[33] 姜英兵、崔广慧：《环保产业政策对企业环保投资的影响：基于重污染上市公司的经验证据》，载于《改革》2019 年第 2 期，第 87 ~ 101 页。

[34] 焦捷、苗硕、张紫微、段沛东、朱彬海：《政治关联、企业环境治理投资与企业绩效——基于中国民营企业的实证研究》，载于《技术经济》2018 年第 6 期，第 130 ~ 139 页。

[35] 李朝芳：《环境责任、组织变迁与环境会计信息披露——一个基于合法性理论的规范研究框架》，载于《经济与管理研究》2010 年第 5 期，第 117 ~ 123 页。

[36] 李桂荣、温绍涵、王乐娜：《不同产权性质的企业履行环境责任对企业价值的影响研究——来自重污染行业上市公司的经验数据》，载于

《河北经贸大学学报》2019 年第 5 期，第 92~100 页。

[37] 李虹、娄雯、田马飞：《企业环保投资、环境管制与股权资本成本——来自重污染行业上市公司的经验证据》，载于《审计与经济研究》2016 年第 2 期，第 71~80 页。

[38] 李虹、王瑞珂、许宁宁：《管理层能力与企业环保投资关系研究——基于市场竞争与产权性质的调节作用视角》，载于《华东经济管理》2017 年第 9 期，第 136~143 页。

[39] 李九斤、王福胜、徐畅：《私募股权投资特征对被投资企业价值的影响——基于 2008-2012 年 IPO 企业经验数据的研究》，载于《南开管理评论》2015 年第 5 期，第 151~160 页。

[40] 李连伟：《上市公司股权激励效应及作用路径研究》，吉林大学博士学位论文，2017 年。

[41] 李梦雅、严太华：《风险投资、引致研发投入与企业创新产出——地区制度环境的调节作用》，载于《研究与发展管理》2019 年第 6 期，第 61~69 页。

[42] 李维安：《公司治理学》（第四版），高等教育出版社 2020 年版。

[43] 李维安、徐建：《董事会独立性、总经理继任与战略变化幅度——独立董事有效性的实证研究》，载于《南开管理评论》2014 年第 1 期，第 4~13 页。

[44] 李英利、谭梦卓：《会计信息透明度与企业价值——基于生命周期理论的再检验》，载于《会计研究》2019 年第 10 期，第 27~33 页。

[45] 廖果平、陈玉荣：《公司环境治理对环境资本支出的影响研究》，载于《统计与决策》2014 年第 4 期，第 182~185 页。

[46] 林婷：《清洁生产环境规制与企业环境绩效——基于工业企业污染排放数据的实证检验》，载于《北京理工大学学报》（社会科学版）2022 年第 3 期，第 43~55 页。

[47] 刘畅、张景华：《环境责任、企业性质与企业税负》，载于《财贸研究》2020 年第 9 期，第 64~75 页。

[48] 刘慧、张俊瑞、周键：《诉讼风险、法律环境与企业债务融资成

本》，载于《南开管理评论》2016 年第 5 期，第 16～27 页。

［49］刘茂平：《公司治理与环境信息披露行为研究——以广东上市公司为例》，载于《暨南学报》（哲学社会科学版）2013 年第 9 期，第 50～57 页。

［50］刘伟明：《环境污染的治理路径与可持续增长："末端治理"还是"源头控制"?》，载于《经济评论》2014 年第 6 期，第 41～53 页。

［51］刘艳霞、祁怀锦、刘斯琴：《融资融券、管理者自信与企业环保投资》，载于《中南财经政法大学学报》2020 年第 5 期，第 102～113 页。

［52］刘媛媛、黄正源、刘晓璇：《环境规制、高管薪酬激励与企业环保投资——来自 2015 年"环境保护法"实施的证据》，载于《会计研究》2021 年第 5 期，第 175～192 页。

［53］刘云、石金涛：《组织创新气氛与激励偏好对员工创新行为的交互效应研究》，载于《管理世界》2009 年第 10 期，第 88～102 页。

［54］鲁建坤、纪珈雯、丁明：《企业纳税贡献与环境治理投资》，载于《财经论丛》2021 年第 9 期，第 28～36 页。

［55］罗党论、赖再洪：《重污染企业投资与地方官员晋升——基于地级市 1999－2010 年数据的经验证据》，载于《会计研究》2016 年第 4 期，第 42～48 页。

［56］罗明、范如国、张应青、朱超平：《环境税制下政府与企业环境治理协同行为演化博弈及仿真研究》，载于《技术经济》2019 年第 11 期，第 83～92 页。

［57］吕明晗、徐光华、朱薇：《政府补贴对企业环保投资的影响研究——"行而有效"还是"劳而无功"?》，载于《财会通讯》2020 年第 18 期，第 20～25 页。

［58］吕英、王正斌、安世民：《女性董事影响企业社会责任的理论基础和实证研究述评》，载于《外国经济与管理》2014 年第 8 期，第 14～22 页。

［59］马磊、徐向艺：《两权分离度与公司治理绩效实证研究》，载于《中国工业经济》2010 年第 12 期，第 108～116 页。

［60］倪娟、孔令文：《环境信息披露、银行信贷决策与债务融资成

本——来自我国沪深两市 A 股重污染行业上市公司的经验证据》，载于《经济评论》2016 年第 1 期，第 147～156 页。

[61] 潘越、陈秋平、戴亦一：《绿色绩效考核与区域环境治理——来自官员更替的证据》，载于《厦门大学学报》（哲学社会科学版）2017 年第 1 期，第 23～32 页。

[62] 钱雪松、唐英伦、方胜：《担保物权制度改革降低了企业债务融资成本吗？——来自中国物权法自然实验的经验证据》，载于《金融研究》2019 年第 7 期，第 115～134 页。

[63] 任颋、茹璟、尹潇霖：《所有制性质、制度环境与企业跨区域市场进入战略选择》，载于《南开管理评论》2015 年第 2 期，第 51～63 页。

[64] 山国利：《企业治理、环境信息披露与债务融资》，载于《财会通讯》2018 年第 12 期，第 97～101 页。

[65] 邵帅、吕长江：《实际控制人直接持股可以提升公司价值吗？——来自中国民营上市公司的证据》，载于《管理世界》2015 年第 5 期，第 134～146 页。

[66] 沈红波、谢越、陈峥嵘：《企业的环境保护、社会责任及其市场效应——基于紫金矿业环境污染事件的案例研究》，载于《中国工业经济》2012 年第 1 期，第 141～151 页。

[67] 沈洪涛、冯杰：《舆论监督、政府监管与企业环境信息披露》，载于《会计研究》2012 年第 2 期，第 72～79 页。

[68] 沈洪涛、马正彪：《地区经济发展压力、企业环境表现与债务融资》，载于《金融研究》2014 年第 2 期，第 153～166 页。

[69] 沈洪涛、周艳坤：《环境执法监督与企业环境绩效：来自环保约谈的准自然实验证据》，载于《南开管理评论》2017 年第 6 期，第 73～82 页。

[70] 生艳梅：《油气企业环境责任履行动力研究》，东北石油大学博士学位论文，2020 年。

[71] 苏冬蔚、连莉莉：《绿色信贷是否影响重污染企业的投融资行为？》，载于《金融研究》2018 年第 12 期，第 123～137 页。

[72] 苏坤、张俊瑞、杨淑娥：《终极控制权、法律环境与公司财务风险——来自我国民营上市公司的证据》，载于《当代经济科学》2010 年第 5 期，第 80～88 页。

[73] 宋马林、王舒鸿：《环境规制、技术进步与经济增长》，载于《经济研究》2013 年第 3 期，第 122～134 页。

[74] 宋玉禄、陈欣：《新时代企业家精神与企业价值——基于战略决策和创新效率提升视角》，载于《华东经济管理》2020 年第 4 期，第 108～119 页。

[75] 孙喜平：《上市公司环境治理的现状与对策研究》，载于《武汉大学学报》（哲学社会科学版）2010 年第 2 期，第 254～258 页。

[76] 唐国平、李龙会：《股权结构、产权性质与企业环保投资——来自中国 A 股上市公司的经验证据》，载于《财经问题研究》2013 年第 3 期，第 93～100 页。

[77] 唐国平、李龙会、吴德军：《环境管制、行业属性与企业环保投资》，载于《会计研究》2013 年第 6 期，第 83～90 页。

[78] 唐勇军、马文超、夏丽：《环境信息披露质量、内控"水平"与企业价值——来自重污染行业上市公司的经验证据》，载于《会计研究》2021 年第 7 期，第 69～84 页。

[79] 王保辉：《绿色信贷、企业社会责任披露与债务融资成本》，载于《金融理论与实践》2019 年第 7 期，第 47～54 页。

[80] 王兵、戴敏、武文杰：《环保基地政策提高了企业环境绩效吗？——来自东莞市企业微观面板数据的证据》，载于《金融研究》2017 年第 4 期，第 143～160 页。

[81] 王福胜、宋海旭：《终极控制人、多元化战略与现金持有水平》，载于《管理世界》2012 年第 7 期，第 124～136 页。

[82] 王皓非、钱军：《大股东股权质押与债务融资成本》，载于《山西财经大学学报》2021 年第 2 期，第 86～98 页。

[83] 王克敏、陈井勇：《股权结构、投资者保护与公司绩效》，载于《管理世界》2004 年第 7 期，第 127～134 页。

［84］王鲁平、杨溢来、康华：《终极所有权、银行借款与投资行为的关系：基于商业银行制度变迁背景的经验研究》，载于《南开管理评论》2011 年第 6 期，第 137～148 页。

［85］王霞、徐晓东、王宸：《公共压力、社会声誉、内部治理与企业环境信息披露——来自中国制造业上市公司的证据》，载于《南开管理评论》2013 年第 2 期，第 82～91 页。

［86］王小鲁、樊纲、胡李鹏：《中国分省份市场化指数报告（2018）》，社会科学文献出版社 2019 年版。

［87］王馨、王营：《绿色信贷政策增进绿色创新研究》，载于《管理世界》2021 年第 6 期，第 173～188 页。

［88］王艳艳、于李胜：《股权结构与择时披露》，载于《南开管理评论》2011 年第 5 期，第 118～128 页。

［89］王云、李延喜、马壮、宋金波：《媒体关注、环境规制与企业环保投资》，载于《南开管理评论》2017 年第 6 期，第 83～94 页。

［90］王云、李延喜、马壮、宋金波：《环境行政处罚能以儆效尤吗？——同伴影响视角下环境规制的威慑效应研究》，载于《管理科学学报》2020 年第 1 期，第 77～95 页。

［91］吴红军、刘啟仁、吴世农：《公司环保信息披露与融资约束》，载于《世界经济》2017 年第 5 期，第 124～147 页。

［92］吴梦云、张林荣：《高管团队特质、环境责任及企业价值研究》，载于《华东经济管理》2018 年第 2 期，第 122～129 页。

［93］吴先聪、罗鸿秀、张健：《控股股东股权质押、审计质量与债务融资成本》，载于《审计研究》2020 年第 6 期，第 86～96 页。

［94］吴宗法、张英丽：《基于法律环境和两权分离的利益侵占研究——来自中国民营上市公司的经验证据》，载于《审计与经济研究》2012 年第 1 期，第 90～98 页。

［95］肖作平：《终极所有权结构对公司业绩的影响——来自中国上市公司面板数据的经验证据》，载于《证券市场导报》2010 年第 9 期，第 12～19 页。

[96] 肖作平、廖理：《终极控制股东、法律环境与融资结构选择》，载于《管理科学学报》2012年第9期，第84~96页。

[97] 谢东明、王平：《减税激励、独立董事规模与重污染企业环保投资》，载于《会计研究》2021年第8期，第137~152页。

[98] 辛琳、张萌：《企业吸收能力、资本结构与企业价值——以长江经济带战略性新兴产业上市公司为例》，载于《会计研究》2018年第9期，第47~55页。

[99] 徐薇、陈鑫：《生态文明建设战略背景下的政府环境审计发展路径研究》，载于《审计研究》2018年第6期，第3~9页。

[100] 徐彦坤、祁毓、宋平凡：《环境处罚、公司绩效与减排激励——来自中国工业上市公司的经验证据》，载于《中国地质大学学报》（社会科学版）2020年第4期，第72~89页。

[101] 严复雷、史依铭、黎思琦：《经济政策不确定性、市场化进程与企业投资选择》，载于《投资研究》2020年第2期，第25~42页。

[102] 杨东宁、周长辉：《企业环境绩效与经济绩效前动态关系模型》，载于《中国工业经济》2004年第4期，第43~50页。

[103] 杨清香、俞麟、陈娜：《董事会特征与财务舞弊——来自中国上市公司的经验证据》，载于《会计研究》2009年第7期，第64~96页。

[104] 杨旭东、沈彦杰、彭晨宸：《环保投资会影响企业实际税负吗？——来自重污染行业的证据》，载于《会计研究》2020年第5期，第134~146页。

[105] 杨熠、李余晓璐、沈洪涛：《绿色金融政策、公司治理与企业环境信息披露——以502家重污染行业上市公司为例》，载于《财贸研究》2011年第5期，第131~139页。

[106] 姚圣、潘欣远：《环境信息披露与公司债务成本的关系研究——基于我国制造业A股上市公司数据》，载于《会计之友》2018年第21期，第68~73页。

[107] 叶莉、房颖：《政府环境规制、企业环境治理与银行利率定价》，载于《工业技术经济》2020年第11期，第99~108页。

［108］易玄、吴蓉、谢志明：《资本市场扶贫新政促进了贫困地区企业价值创造吗？——基于新三板挂牌企业的实证》，载于《会计研究》2021 年第 9 期，第 136～149 页。

［109］伊志宏、于上尧、姜付秀：《忙碌的董事会：敬业还是低效？》，载于《财贸经济》2011 年第 12 期，第 46～54 页。

［110］于连超、张卫国、毕茜、董晋亭：《政府环境审计会提高企业环境绩效吗？》，载于《审计与经济研究》2020 年第 1 期，第 41～50 页。

［111］苑泽明、宁金辉、金宇：《高管学术经历对环保投资的影响》，载于《财会月刊》2019 年第 14 期，第 12～20 页。

［112］岳希明、李实、史泰丽：《垄断行业高收入问题探讨》，载于《中国社会科学》2010 年第 3 期，第 77～93 页。

［113］曾春华、杨兴全、陈旭东：《终极控制股东两权分离与公司并购绩效》，载于《现代财经》2013 年第 7 期，第 69～82 页。

［114］翟华云、刘亚伟：《环境司法专门化促进了企业环境治理吗？——来自专门环境法庭设置的准自然实验》，载于《中国人口·资源与环境》2019 年第 6 期，第 138～147 页。

［115］张弛、张兆国、包莉丽：《企业环境责任与财务绩效的交互跨期影响及其作用机理研究》，载于《管理评论》2020 年第 2 期，第 76～89 页。

［116］张苹、伍双霞：《环境责任承担与企业绩效——理论与实证》，载于《工业技术经济》2017 年第 5 期，第 67～75 页。

［117］张功富：《政府干预、环境污染与企业环保投资——基于重污染行业上市公司的经验证据》，载于《经济与管理研究》2013 年第 9 期，第 38～44 页。

［118］张国清、陈晓艳、肖华：《过程、结果维度的环境治理与企业财务绩效》，载于《经济管理》2020 年第 5 期，第 120～139 页。

［119］张俭、石本仁：《制度环境、两权分离与家族企业现金股利行为——基于 2007－2012 年中国家族上市公司的经验证据》，载于《当代财经》2014 年第 5 期，第 119～128 页。

［120］张琦、郑瑶、孔东民：《地区环境治理压力、高管经历与企业

环保投资——一项基于"环境空气质量标准（2012）"的准自然实验》，载于《经济研究》2019 年第 6 期，第 183～198 页。

[121] 张沁琳：《政府采购能推动企业的环境治理吗?》，载于《中国地质大学学报》（社会科学版）2019 年第 9 期，第 92～106 页。

[122] 张昭、马草原、王爱萍：《资本市场开放对企业内部薪酬差距的影响——基于"沪港通"的准自然实验》，载于《经济管理》2020 年第 6 期，第 172～191 页。

[123] 赵卿、刘少波：《制度环境、终极控制人两权分离与上市公司过度投资》，载于《投资研究》2012 年第 5 期，第 52～65 页。

[124] 赵阳、沈洪涛、周艳坤：《环境信息不对称、机构投资者实地调研与企业环境治理》，载于《统计研究》2019 年第 7 期，第 104～118 页。

[125] 甄红线、李玉闪、孙晓玉：《企业精准扶贫影响企业价值吗?》，载于《投资研究》2021 年第 3 期，第 4～19 页。

[126] 周春喜、毛悦：《城市商业银行贷款集中度对资产质量影响的研究》，载于《商业经济与管理》2018 年第 9 期，第 86～96 页。

[127] 周建、孟圆圆、刘小元：《公司现金持有与行业差异、股权结构的关系研究——信息技术类与非信息技术类上市公司的比较》，载于《经济与管理研究》2009 年第 8 期，第 28～36 页。

[128] 周艳坤、汤泰劼、支晓强：《大股东股权质押会提升企业环境治理水平吗?——来自重污染上市公司的经验证据》，载于《中央财经大学学报》2021 年第 4 期，第 63～76 页。

[129] 朱艳丽、孙英楠、向欣宇：《"重盈利"还是"重成长"?——资本结构与企业价值的相关性研究》，载于《中国经济问题》2019 年第 6 期，第 104～118 页。

[130] 邹海亮、曾赛星、林翰、翟育明：《董事会特征、资源松弛性与环境绩效：制造业上市公司的实证分析》，载于《系统管理学报》2016 年第 3 期，第 193～202 页。

[131] Aiken L S, West S G. Multiple Regression: Testing and Interpreting Interactions [M]. California: Sage Publications, 1991: 58–72.

［132］ Aivazian V A, Ge Y, Qiu J. The Impact of Leverage on Firm Investment: Canadian Evidence ［J］. Journal of Financial Economics, 2005, 11 (1): 277 - 291.

［133］ Akerlof G. The Market for "Lemons": Quality Uncertainty and the Market Mechanism ［J］. Quraterly Journal of Economics, 1970, 84 (3): 488 - 500.

［134］ Ambec S, Lanoie P. Does It Pay to Be Green? A Systematic Overview ［J］. Academy of Management Perspectives, 2008, 22 (4): 45 - 62.

［135］ Anderson R C, Reeb D M. Founding - Family Ownership and Firm Performance: Evidence from the S&P 500 ［J］. Journal of Finance, 2003, 58 (3): 1301 - 1329.

［136］ Andrikopoulos A, Kriklani N. Environmental Disclosure and Financial Characteristics of the Firm: The Case of Denmark ［J］. Corporate Social Responsibility and Environmental Management, 2013, 20 (1): 55 - 64.

［137］ Aragón-correa J A, Sharma S. A. Contingent Resource - Based View of Proactive Corporate Environmental Strategy ［J］. Academy of Management Review, 2003, 28 (1): 71 - 88.

［138］ Atanasov V. How Much Value Can Block Holders Tunnel? Evidence from the Bulgarian Mass Privatization Auctions ［J］. Journal of Financial Economics, 2005, 76 (1): 191 - 234.

［139］ Backer L. Engaging Stakeholders in Corporate Environmental Governance ［J］. Business and Society Review, 2007, 112 (1): 29 - 54.

［140］ Bansal P, Clelland I. Talking Trash: Legitimacy, Impression Management, and Unsystematic Risk in the Context of the Natural Environment ［J］. Academy of Management Journal, 2004, 47 (1): 93 - 103.

［141］ Beasley M S. An Empirical Analysis of the Relation Between the Board of Director Composition and Financial Statement Fraud ［J］. Accounting Review, 1996, 71 (4): 443 - 465.

［142］ Bebchuk L A, Kraakman R, Triantis G. Stock Pyramids, Cross -

Ownership, Dual Class Equity: The Mechanisms and Agency Costs of Separating Control from Cash – Flow Rights [M]. Chicago: University of Chicago Press, 2000: 93 – 102.

[143] Bhuiyan M B U, Huang H J, Villiers C D. Determinants of Environmental Investment: Evidence from Europe [J]. Journal of Cleaner Production, 2021, 292 (1): 1 – 28.

[144] Boyd B K. Board Control and CEO Compensation [J]. Strategic Management Journal, 1994, 15 (5): 335 – 344.

[145] Brammer S, Pavelin S. Voluntary Environmental Disclosures by Large UK Companies [J]. Journal of Business Finance & Accounting, 2006, 33 (7): 1168 – 1188.

[146] Brammer S, Pavelin S. Factors Influencing the Quality of Corporate Environmental Disclosure [J]. Business Strategy and the Environment, 2008, 17 (2): 120 – 136.

[147] Brown N, Deegan C. The Public Disclosure of Environmental Performance Information: A Dual Test of Media Agenda Setting Theory and Legitimacy Theory [J]. Accounting and Business Research, 1998, 29 (1): 21 – 41.

[148] Busch T, Hoffmann V H. How Hot Is Your Bottom Line? Linking Carbon and Financial Performance [J]. Business and Society, 2011, 50 (2): 233 – 265.

[149] Cai L, He C H. Corporate Environmental Responsibility and Equity Prices [J]. Journal of Business Ethics, 2014, 125 (4): 617 – 635.

[150] Castello I, Lozano J M. Searching for New Forms of Legitimacy Through Corporate Social Responsibility [J]. Journal of Business Ethics, 2011, 100 (1): 11 – 29.

[151] Chen Z, Kahn M E, Liu Y, Wang Z. The Consequences of Spatially Differentiated Water Pollution Regulation in China [J]. Journal of Environmental Economics and Management, 2018 (88): 468 – 485.

[152] Cho C H, Patten D M. The Role of Environmental Disclosures as

Tools of Legitimacy: A Research Note [J]. Accounting, Organizations and Society, 2007, 32 (8): 639 – 647.

[153] Christmann P. Effects of "Best Practices" of Environmental Management on Cost Advantage: The Role of Complementary Assets [J]. Academy of Management Journal, 2000, 43 (4): 663 – 680.

[154] Claessens S, Djankov S, Fan J P H, Lang L H P. Disentangling the Incentive and Entrenchment Effects of Large Shareholdings [J]. Journal of Finance, 2002, 57 (6): 2741 – 2771.

[155] Claessens S, Djankov S, Lang L H P. The Separation of Ownership and Control in East Asian Corporations [J]. Journal of Financial Economics, 2000, 58 (1): 81 – 112.

[156] Clarkson P M, Li Y, Richardson G D, Vasvari F P. Revisiting the Relation Between Environmental Performance and Environmental Disclosure: An Empirical Analysis [J]. Accounting, Organizations and Society, 2008, 33 (5): 303 – 327.

[157] Clarkson P M, Li Y, Richardson G D, Vasvari F P. Does it Really Pay to Be Green? Determinants and Consequences of Proactive Environmental Strategies [J]. Journal of Accounting and Public Policy, 2011, 30 (2): 122 – 144.

[158] Clarkson P M, Richardson G D. The Market Valuation of Environmental Capital Expenditures by Pulp and Paper Companies [J]. Accounting Review, 2004, 79 (2): 329 – 353.

[159] Coase R H. The Problem of Social Cost [J]. Journal of Law and Economics, 1960 (3): 1 – 44.

[160] Cong Y, Freedman M. Corporate Governance and Environmental Performance and Disclosures [J]. Advances in Accounting, 2011, 27 (2): 223 – 232.

[161] Conger J A, Finegold D, Lawle E. Appraising Boardroom Performance [J]. Harvard Business Review, 1998, 76 (1): 136 – 148.

[162] Cormier D, Magnan M. The Economic Relevance of Environmental Disclosure and Its Impact on Corporate Legitimacy: An Empirical Investigation [J]. Business Strategy and the Environment, 2013, 25 (8): 92 – 112.

[163] Cormier D, Magnan M, Velthoven B V. Environmental Disclosure Quality in Large German Companies: Economic Incentives, Public Pressures or Institutional Conditions [J]. European Accounting Research, 2005, 14 (1): 3 – 39.

[164] Dasgupta S, Laplante B, Mamingi N, Wang H. Inspetions, Pollution Prices, and Environmental Performance: Evidence from China [J]. Ecological Economics, 2001, 36 (3): 487 – 498.

[165] Davis K. Can Business Afford to Ignore Social Responsibilities? [J]. California Management Review, 1960, 2 (3): 70 – 77.

[166] Donaldson T, Dunfee T W. Toward a Unified Conception of Business Ethics: Integrative Social Contracts Theory [J]. Academy of Management Review, 1994, 19 (2): 252 – 284.

[167] Du J L, Dai Y. Ultimate Corporate Ownership Structures and Capital Structures: Evidence from East Asian Economies [J]. Corporate Governance: An International Review, 2005, 13 (1): 60 – 71.

[168] Dyck A, Zingales L. Private Benefits of Control: An International Comparison [J]. Journal of Finance, 2004, 59 (2): 537 – 600.

[169] Elkington J. Partnerships from Cannibals with Forks: The Triple Bottom Line of 21st – Century Business [J]. Environmental Quality Management, 1998, 8 (1): 37 – 51.

[170] Elsayed K, Paton D. The Impact of Environmental Performance on Firm performance: Static and Dynamic panel Data Evidence [J]. Structural Change and Economic Dynamics, 2005, 16 (3): 395 – 412.

[171] Endrikat J, Villiers C D, Guenther T W, Guenther E M. Board Characteristics and Corporate Social Responsibility: A Meta – Analytic Investigation [J]. Business & Society, 2021, 60 (8): 2099 – 2135.

[172] Faccio M, Lang L H P. The Ultimate Ownership of Western Europe-an Corporations [J]. Journal of Financial Economics, 2002, 65 (3): 365 – 395.

[173] Fama E, Jensen M. Agency Problems and Residual Claims [J]. Journal of Law and Economics, 1983, 26 (2): 327 – 349.

[174] Fan J P H, Wong T J. Corporate Ownership Structure and the Informativeness of Accounting Earnings in East Asia [J]. Journal of Accounting and Economics, 2002, 33 (3): 401 – 425.

[175] Franks J, Mayer C. Ownership and Control of German Corporations [J]. Review of Financial Studies, 2001, 14 (4): 943 – 977.

[176] Fujii H, Iwata K, Kaneko S, Managi S. Corporate Environmental, Economic Performance of Japanese Manufacturing Firms: Empirical Study for Sustainable Development [J]. Business Strategy and the Environment, 2013, 22 (3): 187 – 201.

[177] Gadhoum Y, Gueyie J, Hentati M. Ownership Structure and Expropriation in Stock Exchange Listed Firms [J]. Corporate Ownership and Control, 2006, 3 (3): 80 – 88.

[178] Galani D, Gravas E, Stavropoulos A. Company Characteristics and Environmental Policy [J]. Business Strategy and the Environment, 2012, 21 (4): 236 – 247.

[179] Giner B. The Influence of Company Characteristics and Accounting Regulation on Information Disclosed by Spanish Firms [J]. European Accounting Review, 1997, 6 (1): 45 – 68.

[180] Gray W B, Shadbegian R J. Environmental Regulation and Manufacturing Productivity at the Plant Level [R]. NBER Working Paper, No. 4321, 1993.

[181] Hajiha Z, Sarfaraz B. Relationship Between Corporate Social Responsibility and Cost of Capital in Listed Companies in Tehran Stock Exchange [J]. World Applied Sciences Journal, 2013, 28 (11): 1544 – 1554.

［182］ Haller S A, Murphy L. Corporate Expenditure on Environmental Protection ［J］. Environmental and Resource Economics, 2012, 51 (2): 277 - 296.

［183］ Hart S L. A Natural - Resource - Based View of the Firm ［J］. Academy of Management Review, 1995, 20 (4): 986 - 1014.

［184］ Hermalin B E, Weisbach M S. Boards of Directors as an Endogenously Determined Institution: A Survey of the Economic Literature ［J］. Economic Policy Review, 2003, 9 (4): 7 - 26.

［185］ Hillman A J, Cannella A A, Paetzold R L. The Resource Dependence Role of Corporate Directors: Strategic Adaptation of Board Composition in Response to Environmental Change ［J］. Journal of Management Studies, 2000, 37 (2): 235 - 256.

［186］ Htay S N N, Rashid H M A, Adnan M A, Meera A K M. Impact of Corporate Governance on Social and Environmental Information Disclosure of Malaysian Listed Banks: Panel Data Analysis ［J］. Asian Journal of Finance & Accounting, 2012, 4 (1): 1 - 24.

［187］ Huang C L, Kung F H. Drivers of Environmental Disclosure and Stakeholder Expectation: Evidence from Taiwan ［J］. Journal of Business Ethics, 2010, 96 (3): 435 - 451.

［188］ Huse M, Solberg A G. Gender - Related Boardroom Dynamics: How Scandinavian Women Make and Can Make Contributions on Corporate Boards ［J］. Women in Management Review, 2006, 21 (2): 113 - 130.

［189］ Ibrahim N A, Angelidis J P. The Corporate Social Responsiveness Orientation of Board Members: Are There Differences Between Inside and Outside Directors? ［J］. Journal of Business Ethics, 1995, 14 (5): 405 - 410.

［190］ Iwata H, Okada K. How Does Environmental Performance Affect Financial Performance? Evidence from Japanese Manufacturing Firms ［J］. Ecological Economics, 2011, 70 (9): 1691 - 1700.

［191］ Jaggi B, Freedman M. An Examination of the Impact of Pollution

Performance on Economic and Market Performance: Pulp and Paper Firms [J]. Journal of Business Finance & Accounting, 1992, 19 (5): 697 –713.

[192] Jensen M C. The Modern Industrial Revolution, Exit, and the Failure of Internal Control Systems [J]. Journal of Finance, 1993, 48 (3): 831 – 880.

[193] Jensen M C, Meckling W H. Theory of the Firm: Managerial Behavior, Agency Costs, and Capital Structure [J]. Journal of Financial Economics, 1976 (3): 305 –360.

[194] Jo H, Kim H, Park K. Corporate Environmental Responsibility and Firm Performance in the Financial Services Sector [J]. Journal of Business Ethics, 2015, 131 (2): 257 –284.

[195] Johnson S, La Porta R, Lopez – de – Silanes F, Shleifer A. Tunneling [J]. American Economic Review, 2000, 90 (2): 22 –27.

[196] Jorge M L, Madueño J H, Martínez – Martínez D, Sancho M P L. Competitiveness and Environmental Performance in Spanish Small and Medium Enterprises: Is There a Direct Link? [J]. Journal of Cleaner Production, 2015, 101 (1): 26 –37.

[197] Kim Y, Stateman M. Do Corporations Invest Enough in Environmental Responsibility? [J]. Journal of Business Ethics, 2012, 105 (1): 115 – 129.

[198] Klassen R D, Whybark D C. The Impact of Environmental Technologies on Manufacturing Performance [J]. Academy of Management Journal, 1999a, 42 (6): 599 –615.

[199] Klassen R D, Whybark D C. Environmental Management in Operations: The Selection of Environmental Technologies [J]. Decision Sciences, 1999b, 30 (3): 601 –631.

[200] Kor Y Y, Sundaramurthy C. Experience – Based Human Capital and Social Capital of Outside Directors [J]. Journal of Management, 2009, 35 (4): 981 –1006.

［201］La Porta R, Lopez – de – Silanes F, Shleifer A. Corporate Owner-ship around the World ［J］. Journal of Finance, 1999, 54 (2): 471 – 517.

［202］La Porta R, Lopez – de – Sialnes F, Shleifer A, Vishny R. Law and Finance ［J］. Journal of Political Economy, 1998, 106 (6): 1113 – 1155.

［203］La Porta R, Lopez – de – Sialnes F, Shleifer A, Vishny R. Inves-tor Protection and Corporate Governance ［J］. Journal of Financial Economics, 2000, 58 (1): 3 – 27.

［204］La Porta R, Lopez – de – Sialnes F, Shleifer A, Vishny R. Inves-tor Protection and Corporate Valuation ［J］. Journal of Finance, 2002, 57 (3): 1147 – 1170.

［205］Laffont J J, Guessan T N. Competition and Corruption in an Agency Relationship ［J］. Journal of Development Economics, 1999, 60 (2): 271 – 295.

［206］Lang L H P, Stulz R M. Tobin's Q, Corporate Diversification, and Firm Performance ［J］. Journal of Political Economy, 1994, 102 (6): 1248 – 1280.

［207］Lang M, Lundholm R. Cross – Sectional Determinants of Analyst Ratings of Corporate Disclosures ［J］. Journal of Accounting Research, 1993, 31 (2): 246 – 271.

［208］Lipton M, Lorsch J W. A Modest Proposal for Improved Corporate Goverance ［J］. Business Lawyer, 1992, 48 (1): 59 – 77.

［209］Lober D J. Evaluating the Environmental Performance of Corpora-tions ［J］. Journal of Managerial Issues, 1996, 8 (2): 184 – 205.

［210］Makni R, Francoeur C, Bellavance F. Causality Between Corporate Social Performance and Financial Performance: Evidence from Canadian Firms ［J］. Journal of Business Ethics, 2009, 89 (3): 409 – 422.

［211］Marshall A. Principles of Economics ［M］. London: Macmillan Press, 1890: 163 – 178.

[212] McKendall M, Sánchez C, Sicilian P. Corporate Governance and Corporate Illegality: The Effects of Board Structure on Environmental Violations [J]. International Journal of Organizational Analysis, 1999, 7 (3): 201 – 223.

[213] Meyer J W, Rowan B. Institutionalized Organizations: Formal Structure as Myth and Ceremony [J]. American Journal of Sociology, 1977, 83 (2): 340 – 363.

[214] Nehrt C. Timing and Intensity Effects of Environmental Investments [J]. Strategic Management Journal, 1996, 17 (7): 535 – 547.

[215] Nieminen T, Niskanen J. The Objectivity of Corporate Environmental Reporting: A Study of Finnish Listed Firms' Environmental Disclosures [J]. Business Strategy and the Environment, 2001, 10 (1): 29 – 37.

[216] O' Neill H M, Saunders C B, McCarthy A D. Board Members, Corporate Social Responsiveness and Profitability: Are Tradeoffs Necessary? [J]. Journal of Business Ethics, 1989, 8 (5): 353 – 357.

[217] Orsato R J. Competitive Environmental Strategies: When Does it Pay to Be Green? [J]. California Management Review, 2006, 48 (2): 127 – 143.

[218] Ortas E, Gallego – Alvarez I, Etxeberria I A. Financial Factors Influencing the Quality of Corporate Social Responsibility and Environmental Management Disclosure: A Quantile Regression Approach [J]. Corporate Social Responsibility and Environmental Management, 2014, 22 (6): 362 – 380.

[219] Parsons T, Jones I. Structure and Process in Modern Societies [M]. New York: Free Press, 1960: 126 – 133.

[220] Patten D M. The Accuracy of Financial Report Projections of Future Environmental Capital Expenditures: A Research Note [J]. Accounting, Organizations and Society, 2005, 30 (5): 457 – 468.

[221] Pekovic S, Grolleau G, Mzoughi N. Environmental Investment: Too Much of a Good Thing? [J]. International Journal of Production Economics, 2018, 197 (3): 297 – 302.

[222] Pfeffer J, Salancik G R. The External Control of Organizations: A Resource Dependence Perspective [M]. New York: Harper & Row, 1978: 235 – 249.

[223] Pigou A C. The Economics of Welfare [M]. London: MacMillan Press, 1920: 36 – 43.

[224] Pistor K, Raiser M, Gelfer S. Law and Finance in Transition Economics [J]. Economics of Transition, 2000, 8 (2): 325 – 368.

[225] Plumlee M, Brown D, Hayes R M, Marshall R S. Voluntary Environmental Disclosure Quality and Firm Value: Further Evidence [J]. Journal of Accounting and Public Policy, 2015, 34 (4): 336 – 361.

[226] Porter M E, Linde C V D. Green and Competitiveness: Ending the Stalemate [J]. Harvard Business Review, 1995, 73 (5): 120 – 134.

[227] Post C, Rahman N, Rubow E. Green Governance: Boards of Directors' Composition and Environmental Corporate Social Responsibility [J]. Business & Society, 2011, 50 (1): 189 – 223.

[228] Preston L E, O'Bannon D P. The Corporate Social – Financial Performance Relationship: A Typology and Analysis [J]. Business & Society, 1997, 36 (4): 419 – 429.

[229] Rajan, R G. Insiders and Outsiders: The Choice Between Relationship and Arm's – Length Debt [J]. Journal of Finance, 1992, 47 (4): 1367 – 1400.

[230] Ramanathan R. Understanding Complexity: The Curvilinear Relationship Between Environmental Performance and Firm Performance [J]. Journal of Business Ethics, 2018, 149 (2): 383 – 393.

[231] Remmen A, Lorentzen B. Employee Participation and Cleaner Technology: Learning Processes in Environmental Teams [J]. Journal of Cleaner Production, 2000, 8 (5): 365 – 373.

[232] Rodrigue M, Magnan M, Cho C H. Is Environmental Governance Substantive or Symbolic? An Empirical Investigation [J]. Journal of Business

Ethics, 2013, 114 (1): 107 – 129.

[233] Ross S A. The Economic Theory of Agency: The Principal's Problem [J]. American Economic Review, 1973, 63 (2): 134 – 139.

[234] Russo M V, Fouts P A. Resource – Based Perspective on Corporate Environmental Performance and Profitability [J]. Academy of Management Journal, 1997, 40 (3): 534 – 559.

[235] Sanjaya I P S. The Influence of Ultimate Ownership on Earnings Management: Evidence from Indonesia [J]. Global Journal of Business Research, 2011, 5 (5): 61 – 69.

[236] Schneider T E. Is There a Relation Between the Cost of Debt and Environmental Performance? An Empirical Investigation of the U. S. Pulp and Paper Industry, 1994 – 2005 [D]. University of Waterloo, 2008.

[237] Scott W R. Institutions and Organizations [M]. California: Sage Publications, 1995: 93 – 101.

[238] Sharfman M, Fernando C. Environmental Risk Management and the Cost of Capital [J]. Strategic Management Journal, 2008, 29 (6): 569 – 592.

[239] Sharma S, Vredenburg H. Proactive Corporate Environmental Strategy and the Development of Competitively Valuable Organizational Capabilities [J]. Strategic Management Journal, 1998, 19 (8): 729 – 753.

[240] Shleifer A, Vishny R W. A Survey of Corporate Governance [J]. Journal of Finance, 1997, 52 (2): 737 – 783.

[241] Solomon A, Lewis L. Incentives and Disincentives for Corporate Environmental Disclosure [J]. Business Strategy and the Environment, 2002, 11 (3): 154 – 169.

[242] Spence M. Job Market Signaling [J]. Quarterly Journal of Economics, 1973, 87 (3): 355 – 374.

[243] Stiglitz J E. Credit Markets and the Control of Capital [J]. Journal of Money, Credit and Banking, 1985, 17 (2): 133 – 152.

[244] Suchman M C. Managing Legitimacy: Strategic and Institutional Ap-

proaches [J]. Academy of Management Review, 1995, 20 (3): 571 –610.

[245] Sueyoshi T, Goto M. Can Environmental Investment and Expenditure Enhance Financial Performance of US Electricutility Firms under the Clean Air Act Amendment of 1990? [J]. Energy Policy, 2009 (11): 4819 – 4826.

[246] Tang A K Y, Lai K H, Cheng T C E. Environmental Governance of Enterprises and Their Economic Upshot Through Corporate Reputation and Customer Satisfaction [J]. Business Strategy and the Environment, 2012, 21 (6): 401 –411.

[247] Trumpp C, Guenther T. Too Little or Too Much? Exploring U – shaped Relationships Between Corporate Environmental Performance and Corporate Financial Performance [J]. Business Strategy and the Environment, 2017, 26 (1): 49 –68.

[248] Villiers C D, Naiker V, Staden C J V. The Effect of Board Characteristics on Firm Environmental Performance [J]. Journal of Management, 2011, 37 (6): 1636 –1663.

[249] Vormedal I, Ruud A. Sustainability Reporting in Norway: An Assessment of Performance in the Context of Legal Demands and Socio – Political Drivers [J]. Business Strategy and the Environment, 2009, 18 (4): 207 – 222.

[250] Wagner M. How to Reconcile Environmental and Economic Performance to Improve Corporate Sustainability: Corporate Environmental Strategies in the European Paper Industry [J]. Journal of Environmental Management, 2005, 76 (2), 105 –118.

[251] Walls L, Berrone P, Phan P H. Corporate Governance and Environmental Performance: Is There Really a Link? [J]. Strategic Management Journal, 2012, 33 (8): 885 –913.

[252] Wang J, Dewhirst H D. Boards of Directors and Stakeholder Orientation [J]. Journal of Business Ethics, 1992, 11 (2): 115 –123.

[253] Watson K, Klingenberg B, Polito T, Geurts T G. Impact of Environmental Management System Implementation on Financial Performance [J]. Management of Environmental Quality: An International Journal, 2004, 15 (6): 622 –628.

[254] Weber M. Economy and Society: An Outline of Interpretive Sociology [M]. Berkeley: University of California Press, 1978: 56 –64.

[255] Weinstein D E, Yafeh Y. On the Costs of a Bank – Centered Financial System: Evidence from the Changing Main Bank Relations in Japan [J]. Journal of Finance, 1998, 53 (2): 635 –672.

[256] Westphal J D, Zajac E J. Substance and Symbolism in CEOs' Long – Term Incentive Plans [J]. Administrative Science Quarterly, 1994, 39 (3): 367 –390.

[257] Wooldridge J M. Econometric Analysis of Cross Section and Panel Data [M]. Cambridge: MIT Press, 2002: 213 –221.

[258] Zeng S X, Xu X D, Yin H T, Tam C M. Factors that Drive Chinese Listed Companies in Voluntary Disclosure of Environmental Information [J]. Journal of Business Ethics, 2012, 109 (3): 309 –321.

[259] Zeng X T, Tong Y F, Cui L, Kong X M, Sheng Y N, Chen L, Li Y P. Population – Production – Pollution Nexus Based Air Pollution Management Model for Alleviating the Atmospheric Crisis in Beijing, China [J]. Journal of Environmental Management, 2017, 197 (1): 507 –521.